Marco Sondermann

Manuell blitzen mit Speedlites von **YONGNUO**

Das Handbuch für die Geräte der YN560-Reihe

www.tredition.de

Alle Rechte vorbehalten. Das Werk, einschließlich seiner Teile, ist urheberrechtlich geschützt. Jede Verwertung ohne Zustimmung des Verlages und des Autors ist unzulässig. Dies gilt insbesondere für die elektronische oder sonstige Vervielfältigung, Übersetzung, Verbreitung und öffentliche Zugänglichmachung.

Der Verlag macht darauf aufmerksam, dass die genannten Firmen- und Markennamen sowie Produktbezeichnungen in der Regel marken-, patent- oder warenrechtlichem Schutz unterliegen. Die Verwendung der Marke Yongnuo erfolgt mit freundlicher Genehmigung der Shenzhen YONGNUO Photographic Equipment Co., Ltd.

Verlag und Autor übernehmen keine Gewähr für die Richtigkeit und Funktionsfähigkeit beschriebener Verfahren und Standards.

Bibliografische Information der Deutschen Nationalbibliothek:

Die Deutsche Nationalbibliothek verzeichnet diese Publikation in der Deutschen Nationalbibliografie; detaillierte bibliografische Daten sind im Internet über http://dnb.dnb.de abrufbar.

Impressum:

© Copyright 2019 Marco Sondermann, Meerwiesen 25b, 38179 Schwülper

E-Mail: yn560-buch@outlook.de

Umschlaggestaltung, Coverfoto: Marco Sondermann

Fotos und Illustrationen: Marco Sondermann

Lektorat, Korrektorat, Satz: Marco Sondermann

Verlag und Druck: tredition GmbH, Halenreie 40-44, 22359 Hamburg

ISBN Paperback: 978-3-7482-2858-5
ISBN Hardcover: 978-3-7482-2859-2
ISBN e-Book: 978-3-7482-2860-8

Inhaltsverzeichnis

EINLEITUNG 9

MANUELL BLITZEN - GRUNDLAGEN 11

    TTL ODER MANUELL 11
    DIE AUTOMATIK-PROGRAMME DER KAMERA 12
    DIE EINSTELLUNGEN DER KAMERA IM MODUS M 12
        Der ISO-Wert 13
        Die Blendenöffnung 13
        Die Belichtungszeit 14
    DIE EINSTELLUNGEN AM AUFSTECKBLITZ 14
    DIE ENTFERNUNG DES BLITZLICHTS 15
    TIPPS FÜR DIE OPTIMALEN EINSTELLUNGEN 15

DIE MODELLE DER YN560-REIHE 17

    YN560 17
    YN560 II 17
    YN560 III 17
    YN560 IV 18
    YN660 18
    YN560LI 19
    ALLGEMEINES ZU DEN MODELLEN 20

WICHTIGE SICHERHEITSHINWEISE 21

DIE ERSTE INBETRIEBNAHME 23

    LIEFERUMFANG DES YN560 23
    BATTERIEN EINLEGEN UND DAS GERÄT EINSCHALTEN 23
    BEFESTIGEN DES AUFSTECKBLITZES AUF DER KAMERA 25

ÜBERSICHT ÜBER DIE BEDIENELEMENTE 27

    DIE BEDIENELEMENTE DER VORDERSEITE 27
    DIE ANSCHLÜSSE FÜR EXTERNE EINGÄNGE 28
    DIE BEDIENELEMENTE DER RÜCKSEITE 29
    DIE BEDIENFELDANZEIGE (LCD) 30

GRUNDFUNKTIONEN UND EINSTELLUNGEN 31

EINSTELLUNG DES BLITZKOPFES 31
REFLEKTORKARTE UND WEITWINKELDIFFUSOR 31
EINSTELLEN VON LEISTUNG UND ZOOM 32
DER MULTI-MODUS 35
BELEUCHTUNG UND STATUSANZEIGEN 37
    Die Bereitschaftsanzeige 38
    Akustische Signalisierung 39
DER BLITZSTÄNDER 40
SERIENBILDER 40
ENERGIESPARMODUS 40
ÜBERHITZUNGSSCHUTZ 41
FUNKTIONSEINSTELLUNGEN 41
    Gruppenauswahl (nur YN560 IV) 43
    Energiesparmodus 43
    Energiespareinstellungen für die Modi M/Multi/TX 44
    Energiespareinstellungen für den Modus S1/S2 44
    Energiespareinstellungen für den Modus RX 45
    Hintergrundbeleuchtung 45
    Signaltöne 46
    Feineinstellungen für die Blitzleistung 46
    Schnelles Ein- und Ausschalten 47
    Funkprotokoll 47
    Einstellungen zurücksetzen 48

DER FUNKAUSLÖSER RF-603 (II) 49

BESCHREIBUNG UND LIEFERUMFANG 49
DIE BEDIENELEMENTE 51
UNTERSCHIEDE ZWISCHEN RF-603 UND RF-603 II 52
RF-603-KOMPATIBILITÄT 53
EINSTELLEN DES FUNKKANALS 53
INBETRIEBNAHME 54
DIE EINSTELLUNGEN TX UND TRX 56
DER RF-603 II ALS FERNAUSLÖSER FÜR BLITZGERÄTE 56
    Aufbau 1: YN560 III oder YN560 IV im RX-Modus 56
    Aufbau 2: Manueller Blitz mit RF-603 II am Blitzfuß 57

DER RF-603 II ALS FERNAUSLÖSER FÜR DIE KAMERA 59
   Aufbau 1: Auslösung der Kamera über Kabel 59
   Aufbau 2: Auslösung der Kamera über Funksignal 60
   Aufbau 3: Auslösung durch ein mobiles Blitzgerät 61
   Aufbau 4: Auslösung von Blitz und Kamera 62
AUFWECKFUNKTION (WAKE-UP) 64
   Aufbau 1: YN560 III oder YN560 IV im RX-Modus 64
   Aufbau 2: Manueller Blitz mit RF-603 II am Blitzfuß 65
ÜBERBLICK FUNKAUSLÖSER RF-602 67
ÜBERBLICK FUNKAUSLÖSER RF-605 68
TECHNISCHE DATEN RF-603 69

DIE FUNKSTEUEREINHEIT YN560-TX 71

BESCHREIBUNG UND LIEFERUMFANG 71
DIE BEDIENELEMENTE DES YN560-TX 72
DIE BEDIENFELDANZEIGE (LCD) DES YN560-TX 73
BELEUCHTUNG DER BEDIENFELDANZEIGE 73
YN560-TX-KOMPATIBILITÄT 74
INBETRIEBNAHME 75
BEFESTIGEN DER STEUEREINHEIT AUF DER KAMERA 76
EINSTELLEN DES FUNKKANALS 77
EINSTELLEN DES FUNKPROTOKOLLS 77
AUSWAHL VON GRUPPEN 78
EINSTELLUNG VON BLITZLEISTUNG, ZOOM UND MODUS 79
   Einstellung der Blitzleistung 80
   Einstellung des Zoomwertes 80
   Der Multi-Modus 81
   Eine Gruppe deaktivieren 82
AKTIVIERUNG DER GRUPPENFUNKTION AM YN560 III 83
AUFWECKFUNKTION (WAKE-UP) 84
   Aufbau 1: YN560 III oder YN560 IV im RX-Modus 85
   Aufbau 2: Manueller Blitz mit RF-603 II 86
DER YN560-TX ALS FERNAUSLÖSER FÜR DIE KAMERA 87
RÜCKSETZEN AUF WERKSEINSTELLUNGEN 88
TECHNISCHE DATEN 88

DIE BLITZSYNCHRONZEIT (X-SYNC-ZEIT) 91

Erster und zweiter Verschlussvorhang 92
Synchronisation auf den zweiten Verschlussvorhang 93
Belichtung innerhalb der Blitzsynchronzeit 95
Belichtung unterhalb der Blitzsynchronzeit 96
Die Verwendung von Graufiltern 97
Bewegungsunschärfe innerhalb der Blitzsynchronzeit 98
Einfrieren von schnellen Bewegungen 99

ENTFESSELTES BLITZEN 103

Andere Bildwirkungen durch entfesseltes Blitzen 105
Master/Slave-Betrieb 107
Die Funkprotokolle RF-602 und RF-603 107
Die Einstellungen TX, RX und TRX 108
Einstellen des Funkkanals 109
Bildung von Gruppen 110
Gruppen mit YN560-TX als Master und YN560 als Slave 112
Gruppen mit RF-605 Funkauslösern als Slave 113
Gruppen mit RF-602 / RF-603 Funkauslösern als Slave 115
Der optische Slave-Modus (S1/S2) 115
    Slave-Modus S1 116
    Slave-Modus S2 116
Der YN560 IV als Funksender 117
    Programmieren von Sender und Empfänger 118
    Einstellen des Master-Blitzes 120
Aktivierung der Gruppenfunktion am YN560 III 121
Empfohlene Ausrüstung für das entfesselte Blitzen 123

INDIREKTES BLITZEN 125

Hartes und weiches Licht 125
Blitzen gegen Wand und Decke 127
Blitzen mit der Reflektorkarte 128
Blitzen mit einem Flächenreflektor 128
Blitzen mit mehrfacher Reflektion 130

LICHTFORMER ... 131

- WEITWINKELDIFFUSOR ... 131
- REFLEKTORKARTE ODER BOUNCER ... 132
- DURCHLICHT- UND REFLEXSCHIRM ... 134
  - Zubehör für die Verwendung von Schirmen ... 135
  - Das Arbeiten mit Schirmen ... 136
- SOFTBOX ... 138
  - Zubehör für die Verwendung von Softboxen ... 139

LICHTSETZUNG UND AUSLEUCHTUNG ... 141

- UNTERSCHEIDUNG DER LICHTARTEN ... 141
- DAS REMBRANDT-LICHT ... 142
- EINEN REFLEKTOR ALS AUFHELLLICHT EINSETZEN ... 143
- AUFHELLEN MIT BLITZ STATT REFLEKTOR ... 143
- DEN HINTERGRUND AUFHELLEN ... 144
- LICHT FÜR CHARAKTER-PORTRÄTS ... 145
- SPLIT LIGHT UND ZANGENLICHT ... 146
- DAS KANTENLICHT ... 147
- DAS KLASSISCHE DREIPUNKT-LICHT ... 148

DIE STROMVERSORGUNG ... 149

- BATTERIEN ODER AKKUS ... 149
- LSD NIMH-AKKUS ... 150
- EXTERNE AKKU-PACKS ... 152
- LITHIUM-IONEN-AKKUS ... 153

ANHANG ... 155

- ANHANG A: LEITZAHLTABELLE ... 155
- ANHANG B: TECHNISCHE DATEN YN560 ... 156
- ANHANG C: KANALEINSTELLUNGEN RF-602/RF-603 ... 158
- ANHANG D: KOMPATIBILITÄT DER AUSLÖSEKABEL ... 159
- ANHANG E: EINSTELLGRENZEN IM MULTI-MODUS ... 160
- ANHANG F: BLITZDAUER ... 161

INDEX ... 163

Einleitung

Die manuellen Aufsteckblitze des chinesischen Herstellers Yongnuo sind preiswert, zuverlässig und erstaunlich gut verarbeitet, was zusammen mit der einfachen Bedienbarkeit maßgeblich zum Erfolg dieser Geräte in den letzten Jahren beigetragen hat.

Allerdings liegt den Geräten nur eine recht kurz gehaltene Bedienungsanleitung auf Englisch und Chinesisch bei, die inhaltlich leider nicht mit der Qualität der Geräte mithalten kann.

Man findet im Internet zwar deutsche Übersetzungen der Anleitungen, aber auch diese lassen zum Teil noch viele Fragen unbeantwortet. Denn in den meisten Fällen handelt es sich dabei nur um die exakte 1:1 Übersetzung der äußerst knappen Original-Anleitung von Yongnuo.

Dieses technische Handbuch erläutert nicht nur ausführlich die Einstellungen und die Bedienung der Yongnuo-Aufsteckblitze der YN560-Reihe, es geht auch noch auf anderes Zubehör von Yongnuo ein. So werden die Funkauslöser RF-603 und YN560-TX im Detail beschrieben und anhand von Beispielen erklärt, wie diese beim entfesselten Blitzen eingesetzt werden können.

Darüber hinaus werden Sie neben den Hintergründen über das Zusammenspiel von Kamera und Blitzgerät noch viele weitere interessante Themen in diesem Buch finden. Auf das indirekte Blitzen wird genauso eingegangen, wie auf die Verwendung von verschiedenen Lichtformern. In einem weiteren Kapitel wird erklärt, wie Sie Ihre Geräte von Yongnuo am besten mit Strom versorgen.

Dieses Handbuch richtet sich sowohl an Einsteiger in der Blitzfotografie, die mit der Bedienung ihrer Geräte von Yongnuo vertraut werden möchten, als auch an ambitionierte Fotografen, die alle technischen Möglichkeiten ihrer Ausrüstung beherrschen möchten.

Mit diesem Buch werden Sie in der Lage sein, Ihre Blitzausrüstung von Yongnuo optimal und effektiv einzusetzen. Ganz gleich, ob Sie nur einen einzelnen Aufsteckblitz auf der Kamera verwenden oder ein komplexes Setup aus mehreren entfesselten Blitzen aufbauen möchten. Mit diesem Wissen haben Sie die Voraussetzungen geschaffen, sich voll und ganz mit der kreativen Seite des Blitzens beschäftigen zu können.

Manuell Blitzen - Grundlagen

TTL oder manuell

Wer auf den Komfort einer Automatik von Kamera und Blitz nicht verzichten möchte oder den Blitz unter ständig wechselnden Lichtbedingungen sofort einsatzbereit haben muss, der wird sehr wahrscheinlich einen automatischen TTL[1]-Blitz einem manuellen Blitz vorziehen. Warum aber sollte man dann überhaupt manuell blitzen wollen, wenn moderne Kameras mit TTL-Aufsteckblitzen eine komfortable Automatik bieten? Der Preisunterschied zum teuren Aufsteckblitz des Kameraherstellers wird kaum der Grund dafür sein, denn neben den manuellen YN560-Modellen hat Yongnuo auch günstige TTL-fähige Aufsteckblitze für Nikon und Canon im Programm.

Mit einem manuellen Blitz hat der Fotograf die volle Kontrolle über das Licht, trägt aber gleichzeitig auch die Verantwortung dafür, dass der Blitz richtig eingestellt ist. Auf der anderen Seite bietet das dem Fotografen auch die Freiheit, den Blitz jederzeit so einstellen zu können, wie er es für richtig hält und ist dabei nicht an die Vorgaben und Grenzen einer TTL-Automatik gebunden.

Spätestens wenn der Blitz entfesselt, also nicht auf der Kamera betrieben wird oder sogar mehrere entfesselte Blitze zum Einsatz kommen, dann können manuelle Blitze ihren Vorteil voll ausspielen. Denn hier würde die TTL-Automatik ganz einfach nur dafür sorgen, dass das Bild korrekt belichtet ist – und mehr nicht. Eine gezielte Gestaltung der Lichtsituation, so wie sie mit manuellen Blitzen möglich ist, wird mit einer Automatik nur sehr schwer umsetzbar sein. Eine Automatik kann zwar messen und regeln - aber leider nicht kreativ gestalten.

---

[1] TTL = Through The Lens – eine Methode zur Belichtungsmessung durch das Objektiv der Kamera und zur Steuerung von Blitzgeräten

Die Automatik-Programme der Kamera

Es ist durchaus möglich, einen automatischen TTL-Aufsteckblitz auf einer Kamera zu verwenden, die im manuellen Modus (M) betrieben wird. Umgekehrt jedoch wird es schwierig: Ein manueller Aufsteckblitz auf einer Kamera im Automatikmodus führt selten zum gewünschten Ergebnis. Das gilt für die Automatik-Programme ebenso wie für die halbautomatischen Programme wie die Blendenvorwahl (A/Av) und die Zeitvorwahl (T/Tv/S). Denn die Automatik-Programme der Kamera werden einen manuellen Blitz bei der Belichtungsmessung nicht mit einbeziehen und versuchen daher immer, die Einstellungen an der Kamera so vorzunehmen, dass die Aufnahme ohne den Blitz korrekt belichtet wäre. Aus diesem Grund wird das Ergebnis im Automatikmodus fast immer eine überbelichtete Aufnahme sein.

Daraus ergibt sich die Konsequenz, dass die Kamera bei der Verwendung von manuellen Blitzen ebenfalls auf den manuellen Modus (M) eingestellt sein muss. Denn nur so lassen sich korrekt belichtete Aufnahmen erzeugen. Das Fotografieren im manuellen Modus ist gar aber nicht so kompliziert, wenn man dabei ein paar einfache Regeln beachtet.

Die Einstellungen der Kamera im Modus M

Im manuellen Modus (M) der Kamera gibt es drei grundlegende Einstellungen, mit denen die Aufnahme beeinflusst werden kann:

- der ISO-Wert
- die Blendenöffnung
- die Belichtungszeit

Mit einem manuellen Aufsteckblitz kommt noch die Helligkeit des Blitzes als weiterer Faktor hinzu. Diese vier Größen entscheiden darüber, wie das Bild belichtet wird.

Man kann sich das wie eine Reihe von Schiebereglern vorstellen, die beliebig verändert werden können, um das Bild insgesamt heller oder dunkler zu gestalten.

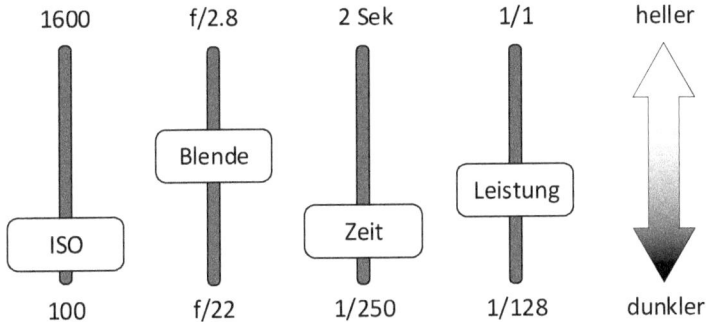

Abbildung 1: ISO-Wert, Blende, Belichtungszeit und Blitzleistung als Schieberegler

Für jede dieser Einstellungen gibt es sinnvolle Anfangswerte, über die man sich an die ideale Belichtung herantasten kann.

Für eine schnelle Überprüfung, ob die Aufnahme korrekt belichtet wurde, sind das Histogramm und die Überbelichtungskontrolle der Kamera nützliche Werkzeuge. Eine Beschreibung, wie das Histogramm und die Überbelichtungskontrolle zu verwenden sind, finden Sie im Handbuch Ihrer Kamera.

Der ISO-Wert

Bei Blitzlichtaufnahmen sollte der ISO-Wert in der Regel auf 100 eingestellt sein. Eine Erhöhung dieses Wertes sollte nur dann in Betracht gezogen werden, wenn das Bild insgesamt zu dunkel ist.

Die Blendenöffnung

Im Gegensatz zum ISO-Wert beeinflusst die Blendenöffnung nicht nur die Helligkeit, sondern auch gleichzeitig die Schärfentiefe. Da Blitze meistens im Nahbereich von wenigen Metern eingesetzt werden, lässt sich mit einer Blende von f/8.0 in den meisten Fällen eine ausreichende Schärfentiefe erzielen.

Wird die Blende weiter geöffnet, beispielsweise um das Motiv durch einen unscharfen Hintergrund freizustellen, dann muss die Lichtmenge an anderer Stelle reduziert werden. Sind der ISO-Wert und die Blitzleistung bereits auf das Minimum eingestellt und kann der Abstand des Blitzes zum Motiv nicht mehr vergrößert werden, dann hilft oft ein Graufilter. Mehr über die Verwendung von Graufiltern beim Blitzen können Sie ab Seite 97 nachlesen.

Die Belichtungszeit

Die Belichtungszeit sollte bei 1/200 Sekunden liegen, aber auf keinen Fall kürzer als die untere Grenze der Blitzsynchronzeit der Kamera. Den Wert für die Blitzsynchronzeit oder X-Sync-Zeit finden Sie in den technischen Daten im Handbuch Ihrer Kamera. Die Zeiten liegen bei modernen Kameras üblicherweise zwischen 1/160 und 1/250 Sekunden. Eine ausführliche Erklärung der Blitzsynchronzeit finden Sie ab Seite 91.

Eine Verlängerung der Belichtungszeit wirkt sich durch die sehr kurze Abbrenndauer des Blitzes nur auf die Verstärkung des Umgebungslichts aus. Längere Belichtungszeiten können bei bewegten Motiven Bewegungsunschärfe erzeugen und unter Umständen die Verwendung eines Stativs erforderlich machen.

Die Einstellungen am Aufsteckblitz

In der Praxis hat sich als Anfangswert für die Leistung des Blitzes eine Einstellung von 1/16 bewährt, das entspricht 6,25% der maximalen Leistung. Je nach Blende, Entfernung oder anderen Faktoren, wie beispielsweise eingesetzte Lichtformer, muss die Leistung des Blitzes entsprechend nach oben oder unten variiert werden. Je nach Lichtsituation sollte man auch eine Anpassung des Zoom-Werts in Betracht ziehen. Mehr Informationen dazu finden Sie im Abschnitt "Einstellen von Leistung und Zoom" ab Seite 32.

Die Entfernung des Blitzlichts

Anstatt die Helligkeit über die Leistung des Blitzes oder die Blendenöffnung zu regulieren, können Sie auch die Entfernung zwischen Blitz und Motiv verändern. Eine Verdopplung oder Halbierung der Entfernung entspricht jeweils zwei ganzen Blendenstufen[2], also der Halbierung oder Verdoppelung des aktuell eingestellten Blendenwertes. Wird beispielsweise der Abstand zum Motiv von zwei auf vier Meter verdoppelt, so muss im Gegenzug die Blende von f/11 auf f/5.6 halbiert werden, um bei gleicher Blitzleistung wieder die gleiche Belichtung zu erhalten.

Die Entfernung der Lichtquelle hat aber nicht nur Auswirkungen auf die Helligkeit. Bei einem kurzen Abstand wird der Vordergrund sehr hell und der Hintergrund sehr dunkel sein. Je weiter der Blitz entfernt ist, desto gleichmäßiger ist die Ausleuchtung von Motiv und Hintergrund. Der Weg für das Licht kann beispielsweise auch durch indirektes Blitzen vergrößert werden. Was indirektes Blitzen bedeutet und wie es funktioniert, wird ab Seite 125 ausführlich beschrieben.

Tipps für die optimalen Einstellungen

Als Faustregel bei der Verwendung von manuellen Blitzen gelten für die Grundeinstellungen der Kamera im manuellen Modus (M) folgende Werte:

- ISO-Wert 100
- Blende f/8.0
- Belichtungszeit auf Blitzsynchronzeit (z.B. 1/200)

Soll der Blitz die einzige Lichtquelle im Bild sein, dann muss die Blende an der Kamera soweit geschlossen werden, bis man bei einer Testaufnahme ohne Blitz ein nahezu schwarzes Bild erhält.

---

[2] Ganze Blendenstufen sind 1.0 / 1.4 / 2.0 / 2.8 / 4.0 / 5.6 / 8 / 11 / 16 / 22 / 32

Dient der Blitz nur zur Aufhellung bei einer Gegenlichtsituation, so kann die Blende auch weiter geöffnet werden. Danach wird das Licht ausschließlich durch die Leistung und Positionierung des Blitzes reguliert.

Beim Aufsteckblitz wird mit einer Blitzleistung von 1/16 begonnen. Mit der Änderung von Blitzleistung oder Entfernung wird dann die Belichtung der Aufnahme so lange angepasst, bis die optimale Einstellung gefunden ist.

Kommen mehrere Blitze zum Einsatz, so sollte die Leistung zuerst für jedes Blitzgerät einzeln eingestellt und dann anschließend zusammen mit den anderen Blitzen in der Gesamtwirkung bewertet werden.

Die Modelle der YN560-Reihe

YN560

Der erste manuelle Aufsteckblitz der YN560-Reihe von Yongnuo wurde im Jahr 2010 als Nachfolger des kleineren YN460 II vorgestellt. Die Einstellungen für Blitzleistung und Zoom wurden noch durch eine Reihe von Leuchtdioden im Bedienfeld angezeigt. Neben dem Betrieb als Aufsteckblitz auf der Kamera kann der erste YN560 auch im Slave-Modus S1/S2 optisch durch andere Blitze über eine Fotozelle ausgelöst werden. Da der YN560 am Fuß ausschließlich über einen Mittenkontakt zur Auslösung verfügt, kann er universell auf allen Kameras mit Standard-Blitzschuh eingesetzt werden.

YN560 II

Gegen Ende 2011 erschien der Nachfolger YN560 II. Die Leuchtdioden wurden durch ein beleuchtetes LC-Display abgelöst und der Blitz verfügt bei diesem Modell zusätzlich über einen Stroboskop-Modus. In der Einstellung Multi kann mit einer einzigen Auslösung eine einstellbare Folge von Blitzen erzeugt werden.

Die beiden Modelle YN560 und YN560 II werden vielfach mit passenden Funkauslösern wie den RF-602 oder RF-603 als entfesselte Blitze, also losgelöst von der Kamera, eingesetzt. Die Auslösung des Blitzes erfolgt dabei durch den am Blitzfuß befestigten Funkempfänger, wohingegen jede Änderung der Einstellungen für Zoom und Leistung bei diesen Modellen weiterhin direkt am Bedienfeld vorgenommen werden muss.

YN560 III

Anfang 2013 folgte dann der YN560 III. Im Gegensatz zu seinem Vorgänger besitzt er einen integrierten Funkempfänger, der den Einsatz eines separaten Funkauslösers am Blitzfuß überflüssig macht. Dass dieses Modell sogar noch mehr kann, sollte sich erst Mitte 2014 zeigen, als die Funksteuerungseinheit YN560-TX vorgestellt wurde. Denn damit können die Geräte der Generation III nicht nur ausgelöst, sondern auch die Einstellungen für Leistung und Zoom schnell und komfortabel mittels Funksteuerung vorgenommen werden.

YN560 IV

Der heute immer noch aktuelle Aufsteckblitz YN560 IV aus dem Jahr 2014 ist die mittlerweile vierte Generation der erfolgreichen YN560-Reihe. Als wichtigste Neuerung gegenüber dem Vorgängermodell ist der YN560 IV nicht mehr nur ein reiner Funkempfänger, sondern jetzt auch ein Funksender. Mit dem YN560 IV benötigt man keine separate Sendereinheit mehr, um andere Blitze vom Typ YN560 III oder YN560 IV über Funk zu auszulösen. Der YN560 IV kann auch die Einstellungen für Leistung und Zoom-Faktor von bis zu drei verschiedenen Gruppen von Funkempfängern steuern.

Seit Mitte 2018 bietet Yongnuo eine neue Version des YN560 IV an, dessen einzige Änderung zum bisherigen Modell eine USB-Schnittstelle für Firmware-Aktualisierungen ist.

YN660

Im Jahr 2016 ist der YN660 als technischer Nachfolger der YN560-Reihe erschienen. Das Gehäuse ist etwas größer als bei den YN560-Modellen und verfügt über eine Schnellverriegelung am Blitzfuß, eine Lock-Stellung des Einschalters zum Sperren der Bedienelemente und ein Drehrad zur Auswahl der Einstellungen. Im Gegensatz zum Vorgängermodell lässt sich bei diesem Modell der Blitzkopf um 360° drehen.

Die Funksteuereinheit wurde gegenüber dem YN560 IV von drei Gruppen auf sechs Gruppen erweitert. Die Einstellung für den

Zoombereich geht beim YN660 bis 199 mm³ statt bis 105 mm wie bei der YN560-Reihe. Damit hat der Blitz beim maximalen Zoom-Wert eine höhere Leitzahl von 66 gegenüber 58 bei den Vorgängermodellen.

Allerdings sollte man hier nicht erwarten, dass der Blitz tatsächlich mehr leistet als die YN560-Modelle, denn bei einem Zoom von 105 mm hat auch der YN660 die gleiche Leitzahl von 58 wie der YN560. In diesem Zusammenhang sollte man auch noch berücksichtigen, dass derzeit nur die Sendeeinheit des YN660 in der Lage ist, Zoom-Einstellungen von mehr als 105 mm per Funk an andere YN660-Empfänger zu übertragen.

YN560Li

Der im Jahr 2018 vorgestellte YN560Li verwendet als erstes Modell der YN560-Reihe statt der sonst üblichen vier AA-Batterien oder NiMH-Akkus nun zwei handelsübliche Akkus vom Typ 18650 mit Lithium-Ionen-Technologie und wird als Set mit einem passenden Ladegerät sowie zwei Akkus ausgeliefert. Mit den leistungsfähigen Lithium-Ionen-Akkus sollen mit einer Ladung bis zu 500 Auslösungen bei voller Leistung möglich sein.

Der YN560Li hat ein wesentlich modernes Gehäuse bekommen, bei dem auch die Tasten anders als beim YN560 IV angeordnet wurden. Der YN560Li verfügt wie auch der YN660 über eine Lock-Stellung am Einschalter und über eine Schnellverriegelung am Blitzfuß. Der Blitzkopf lässt sich jetzt ebenfalls um 360° drehen. Das Display und die grundsätzlichen Leistungsmerkmale sind jedoch identisch zum YN560 IV geblieben.

---

[3] Eigentlich sollten es 200 mm sein, das Display des YN660 kann jedoch nur einen Wert von maximal 199 anzeigen

Allgemeines zu den Modellen

Obwohl der YN660 schon seit einiger Zeit verfügbar ist, wird der Klassiker YN560 IV weiterhin noch verkauft. Der YN560 III ist ebenfalls noch erhältlich, allerdings sollte man bei den geringen Preisunterschieden zwischen den einzelnen Modellen doch eher den YN560 IV oder den YN660 bevorzugen. Wer sich jedoch ganz sicher ist, dass er auf die integrierte Sendereinheit verzichten kann, der kann mit dem Kauf eines YN560 III nochmal ein paar Euro sparen.

Das Modell YN560Li ist auf dem deutschen Markt als Set mit Ladegerät und Akkus ungefähr doppelt so teuer wie ein YN560 IV. Unter diesem Aspekt muss jeder für sich entscheiden, ob der erhebliche Mehrpreis für einen Aufsteckblitz mit Lithium-Ionen-Akku gut angelegt ist oder vielleicht zwei YN560 IV für das gleiche Geld etwas mehr Flexibilität bieten.

Einen YN560 kann man auch ohne größere Bedenken gebraucht kaufen. Ein Aufsteckblitz verfügt nur über wenige Bauteile, die einem Verschleiß unterliegen. Und wenn der Blitz nicht mit maximaler Leistung im Dauereinsatz betrieben wurde, kann man an einem gebrauchten YN560 noch lange Freude haben.

Zusammenfassend bleibt zu sagen, dass Yongnuo mit den Geräten der YN560-Reihe in Sachen Qualität, Zuverlässigkeit, Leistung und Preis Maßstäbe bei Aufsteckblitzen gesetzt hat und auch über die ganzen Jahre hinweg dabei stets gezeigt hat, dass auch Gutes noch weiter verbessert werden kann.

Wichtige Sicherheitshinweise

Auch wenn ein Aufsteckblitz nur ein batteriebetriebenes Gerät ist, gibt es bei der Verwendung doch einiges zu beachten. Die Batterien erzeugen für die Zündung der Blitzröhre eine lebensgefährliche Spannung von mehreren hundert Volt, die selbst dann noch im Gerät gespeichert ist, wenn die Batterien bereits entfernt wurden.

Bei intensiver Nutzung des Gerätes mit schneller Blitzfolge über mehrere Minuten hinweg fließen hohe Ströme im Inneren des Blitzgerätes. Diese können zu einer starken Erwärmung der Batzergen und des Gehäuses führen. Die automatische Abschaltung des Gerätes bei Überhitzung ist daher keine Komfortfunktion, sondern eine wichtige Sicherheitsmaßnahme um größere Schäden oder Verletzungen zu vermeiden.

Beachten Sie unbedingt die folgenden Sicherheitshinweise:

Um einen Brand oder die Gefahr eines elektrischen Schlags zu vermeiden, sollten Sie das Gerät niemals Regen oder starker Feuchtigkeit aussetzen. Fassen Sie das Gerät nicht mit nassen Händen an.

Stellen Sie sicher, dass die Batterien richtig eingesetzt sind, um Kurzschlüsse zu vermeiden. Kurzschlüsse können unter Umständen zu einer Explosion der Batterien führen.

Halten Sie die Batterien und andere Kleinteile, die versehentlich verschluckt werden könnten, von Kleinkindern fern.

Benutzen Sie den Blitz niemals in der Nähe der Augen, um schwere Verletzungen der Augen zu vermeiden. Halten Sie insbesondere bei Kleinkindern und Tieren einen Mindestabstand von einem Meter ein.

Zur Vermeidung von Unfällen richten Sie den Blitz nicht gegen Personen, die sich erschrecken könnten. Das gilt besonders für Teilnehmer im Straßenverkehr.

Entfernen Sie umgehend die Batterien aus dem Gerät und stellen die weitere Verwendung ein, wenn:

- das Gerät heruntergefallen ist oder auf andere Weise beschädigt wurde und Teile aus dem Inneren des Gerätes freigelegt sind.
- aus den Batterien Flüssigkeit austritt. Verwenden Sie zum Entfernen der Batterien Einweghandschuhe.
- das Gerät seltsam riecht, Qualm aus dem Gerät entweicht oder das Gehäuse übermäßig warm wird.

Versuchen Sie nicht, das Gerät zu öffnen oder zu reparieren. Das Berühren von elektronischen Bauteilen im Inneren des Gerätes kann zu einem lebensgefährlichen elektrischen Schlag führen.

Um eine Beschädigung des Blitzgerätes durch auslaufende Batterien zu vermeiden, sollten Sie bei längerer Nichtbenutzung die Batterien aus dem Gerät entfernen und getrennt lagern.

Die erste Inbetriebnahme

Lieferumfang des YN560

Der Aufsteckblitz Yongnuo YN560 wird zusammen mit einer Aufbewahrungstasche und einem Blitzständer geliefert. Der Ständer hat auf der Oberseite eine Aufnahme für den Blitzfuß und auf der Unterseite ein ¼"-Gewinde für die Befestigung auf einem Stativ. Weiterhin ist eine Kurzanleitung in den Sprachen Englisch und Chinesisch dabei.

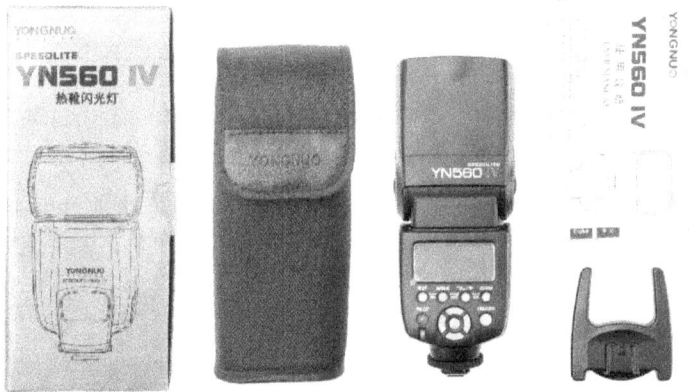

Abbildung 2: Lieferumfang des YN560

Da es sich um einen rein manuellen Blitz mit Auslösung über den Mittenkontakt handelt, gibt es beim YN560 keine abweichenden Modellvarianten für die verschiedenen Kamerahersteller.

Batterien einlegen und das Gerät einschalten

Auf der rechten Seite des Blitzes – von der Bedienfeldseite aus gesehen – befindet sich das Batteriefach. Der Deckel des Batteriefachs wird mit einem leichten Druck auf die geriffelte Markierung nach unten zum Blitzfuß geschoben. Danach öffnet sich der Deckel automatisch.

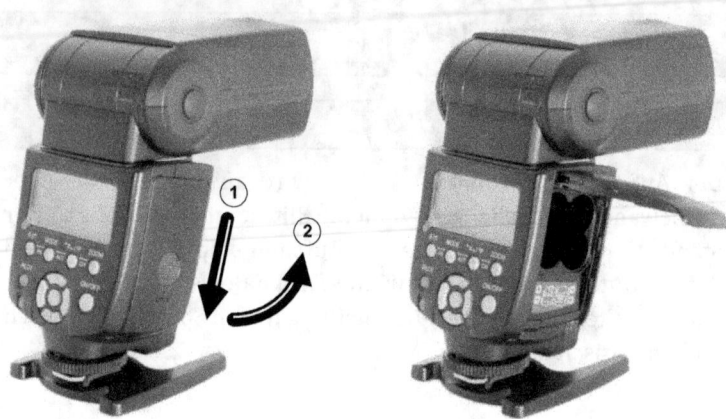

Abbildung 3: YN560 - Öffnen des Batteriefachs

In das Batteriefach werden vier Alkaline-Batterien oder NiMH-Akkus vom Typ AA entsprechend der Markierung eingelegt.

Zum Schließen des Batteriefachs wird der Deckel zugeklappt und mit einem leichten Druck nach oben zum Blitzkopf geschoben, bis er hörbar einrastet.

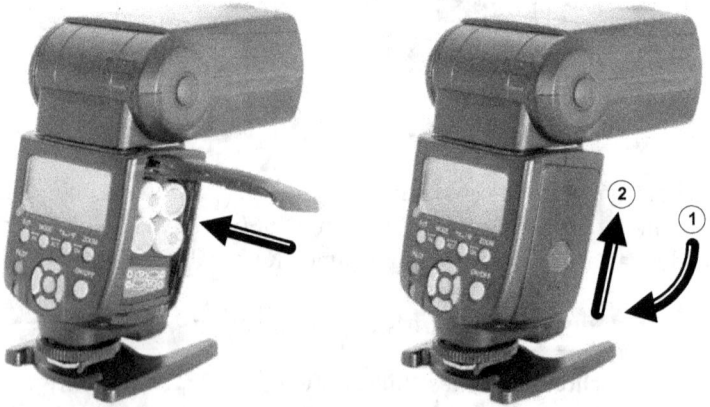

Abbildung 4: YN560 - Einlegen der Batterien und Schließen des Batteriefachs

Die erste Inbetriebnahme 25

Zum Einschalten des Blitzgerätes muss der Ein-/Ausschalter für zwei Sekunden gedrückt gehalten werden. Nachdem der Ein-/Ausschalter losgelassen wurde, ist zu hören wie der Reflektor im Blitzkopf vor und zurück fährt. Danach wird der Einschaltvorgang mit zwei kurzen Pieptönen quittiert.

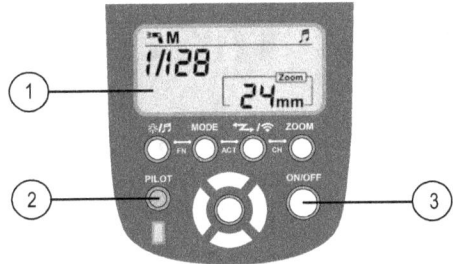

Abbildung 5: YN560 - LCD, Bereitschaftsanzeige und Ein-/Ausschalter

(1) Bedienfeldanzeige (LCD)
(2) Bereitschaftsanzeige und Testauslösung
(3) Ein-/Ausschalter

In der Bedienfeldanzeige erscheinen nach dem Einschalten die zuletzt gewählten Einstellungen.

Sobald der Blitz vollständig geladen wurde, wechselt die Farbe der Bereitschaftsanzeige von Grün auf Rot und zeigt damit an, dass das Gerät jetzt betriebsbereit ist. Mit dem Betätigen der PILOT-Taste kann nun ein Testblitz ausgelöst werden.

Befestigen des Aufsteckblitzes auf der Kamera

Der YN560 ersetzt als Aufsteckblitz auf der Kamera den eingebauten Blitz und ist darüber hinaus noch vielseitiger und leistungsfähiger.

Zur Montage des Blitzgerätes auf der Kamera lösen Sie zuerst das Befestigungsrad am Blitzfuß, indem Sie das Rad im Uhrzeigersinn drehen. Danach schieben Sie den Aufsteckblitz in den Blitzschuh der Kamera. Zum Schluss ziehen Sie das Befestigungsrad wieder so weit in die entgegengesetzte Richtung an, bis der Blitz fest im Blitzschuh sitzt und nicht herausfallen kann.

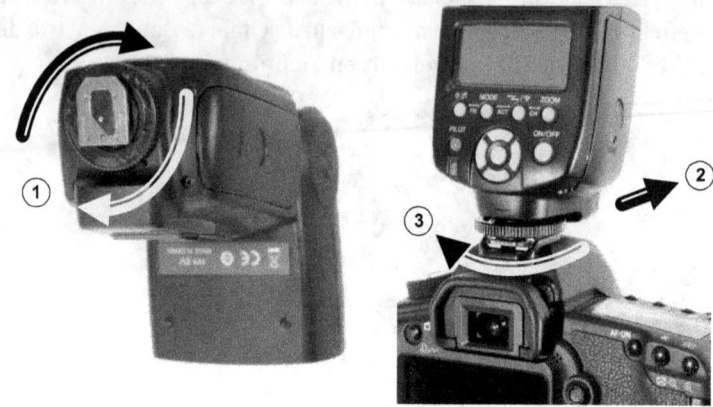

Abbildung 6: YN560 - Befestigen des Aufsteckblitzes auf der Kamera

Jetzt können Sie das Blitzgerät und die Kamera einschalten. Wenn Sie nun die Kamera auslösen, wird das Blitzgerät gezündet.

Bei einigen Kameramodellen von Sony darf der Aufsteckblitz nicht vollständig in den Blitzschuh geschoben werden. Es kann sonst vorkommen, dass der Mittenkontakt zwischen Blitzschuh und Blitzfuß nicht exakt übereinander liegt und der Blitz deswegen nicht funktioniert. Bei diesen Kameras ist daher etwas Fingerspitzengefühl beim Anbringen des Blitzes erforderlich.

Zum Entfernen des Blitzgerätes von der Kamera führen Sie die zuvor beschriebenen Schritte in der umgekehrten Reihenfolge durch.

Übersicht über die Bedienelemente

Die Bedienelemente der Vorderseite

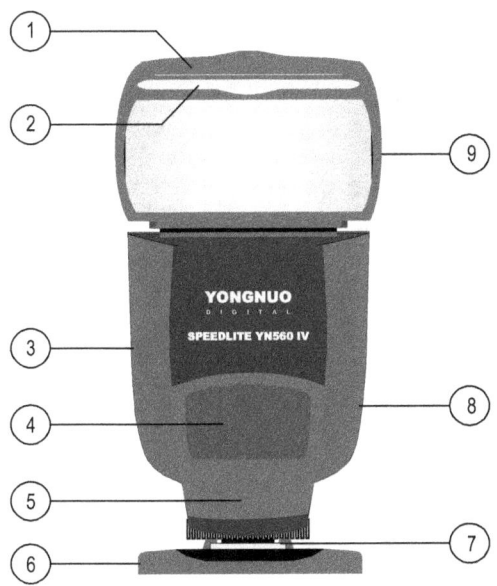

Abbildung 7: YN560 - Die Bedienelemente auf der Vorderseite

(1) Ausziehbare Reflektorkarte (Bouncer)
(2) Ausziehbarer Weitwinkeldiffusor (Streulichtscheibe)
(3) Deckel für das Batteriefach
(4) Sensor für den optischen Empfänger
(5) Anzeige für Empfangsbereitschaft
(6) Ständer mit ¼"-Stativgewinde
(7) Blitzfuß mit Mittenkontakt
(8) Seitliche Abdeckung für externe Anschlüsse
(9) Blitzkopf

Die Anschlüsse für externe Eingänge

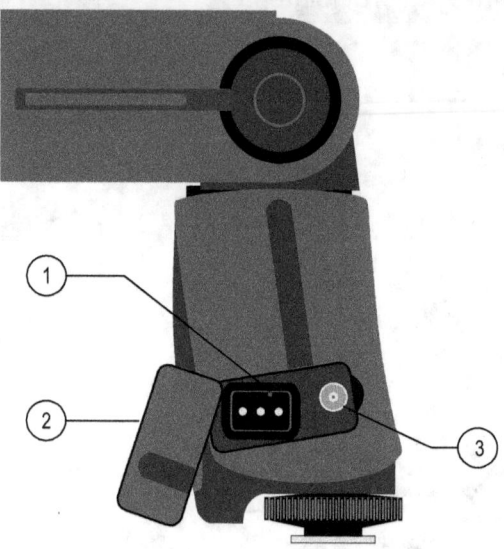

Abbildung 8: YN560 - Die externen Anschlüsse an der Seite

(1) Anschluss für eine externe Stromversorgung
(2) Abdeckung
(3) Eingang für den PC-Sync-Anschluss

Um an die seitlichen Anschlüsse zu gelangen, heben Sie die Abdeckung an und drehen diese seitlich weg.

Sie sollten die Abdeckung immer geschlossen halten, wenn Sie die Anschlüsse nicht benötigen, um sie vor Schmutz und Feuchtigkeit zu schützen.

Übersicht über die Bedienelemente 29

Die Bedienelemente der Rückseite

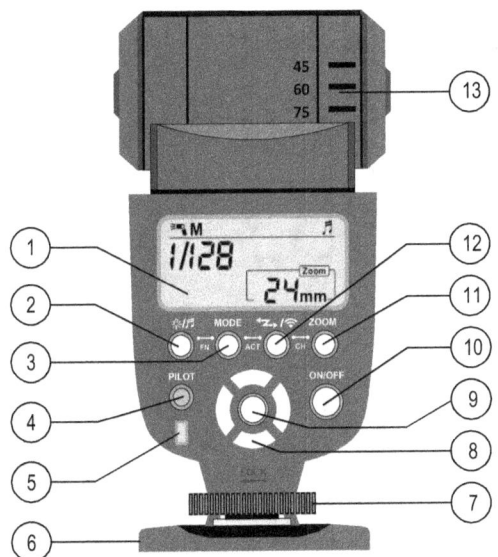

Abbildung 9: YN560 - Die Bedienelemente auf der Rückseite

(1) Bedienfeldanzeige (LCD)
(2) Beleuchtungs- und Signaltonschalter
(3) Modus-Wahltaste
(4) Bereitschaftsanzeige und Testauslösung
(5) Kontrollleuchte für Fernsteuerungssignale
(6) Ständer mit ¼"-Stativgewinde
(7) Drehrad zur Befestigung
(8) Auswahltasten Links/Rechts, Auf/Ab
(9) Set-Taste
(10) Ein-/Ausschalter
(11) Zoom-Taste
(12) Auslösemodus-Taste
(13) Skala für den Neigungswinkel

Die Bedienfeldanzeige (LCD)

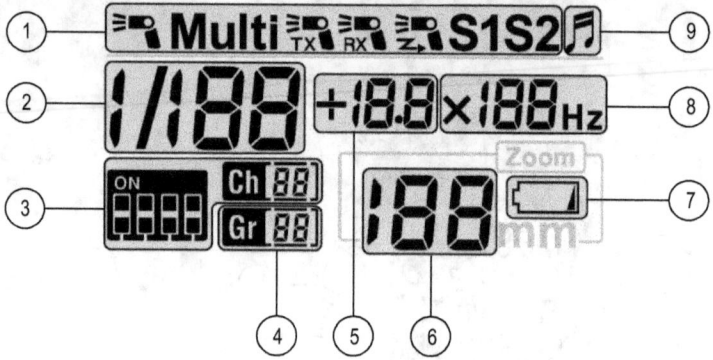

Abbildung 10: YN560 - Die Bereiche der Bedienfeldanzeige beim YN560 IV

(1) Auslösemodus (M, Multi, TX, RX, S1/S2)
(2) Blitzleistung
(3) Kanal
(4) Gruppe
(5) Blitzleistung Feinabstufung / Anzahl der Blitze im Multi-Modus
(6) Zoom
(7) Batteriewarnung
(8) Frequenz der Blitze im Multi-Modus
(9) Akustische Signalisierung

Die Symbole in der Bedienfeldanzeige weichen bei den Modellen YN560 II, YN560 III und YN560 IV zum Teil ab. Die hier gezeigte Abbildung entspricht den Modellen YN560 IV und YN660.

Grundfunktionen und Einstellungen

Einstellung des Blitzkopfes

Der Blitz kann horizontal von 0 bis 270° gedreht und gleichzeitig vertikal von -7 bis 90° geschwenkt werden.

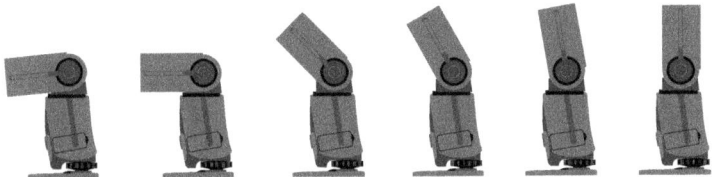

Abbildung 11: YN560 - Vertikales Schwenken des Blitzkopfes

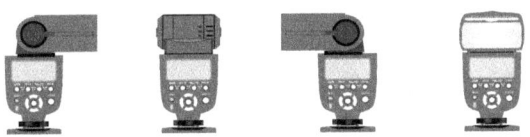

Abbildung 12: YN560 - Horizontales Drehen des Blitzkopfes

Horizontal kann der Blitzkopf um 90° seitlich nach rechts und um 180° nach links in die Richtung des Bedienfelds gedreht werden.

Reflektorkarte und Weitwinkeldiffusor

Die Aufsteckblitze der YN560-Reihe verfügen über eine Reflektorkarte und einen Weitwinkeldiffusor, die beide im Blitzkopf integriert sind. Die Aufgabe der Reflektorkarte, auch Bouncer genannt, ist es, einen Teil des Blitzlichts umzulenken.

Der Weitwinkeldiffusor hingegen streut das Blitzlicht etwas breiter, so dass der Abstrahlwinkel etwa einem Zoom-Faktor von 18 mm entspricht. Die Verwendung des Weitwinkeldiffusors ist insbesondere in Verbindung mit großen Lichtformern wie zum Beispiel bei einem Durchlichtschirm oder einer Softbox sinnvoll.

um die gesamte Fläche bei geringer Entfernung des Blitzes vollständig auszuleuchten.

Um den Reflektor oder den Diffusor zu verwenden, ziehen Sie mit dem Fingernagel den Weitwinkeldiffusor vollständig aus dem Blitzkopf heraus. Die Reflektorkarte wird dabei automatisch mit herausgezogen. Der Diffusor legt sich nun mit leichter Federkraft auf die vordere Scheibe des Blitzkopfes.

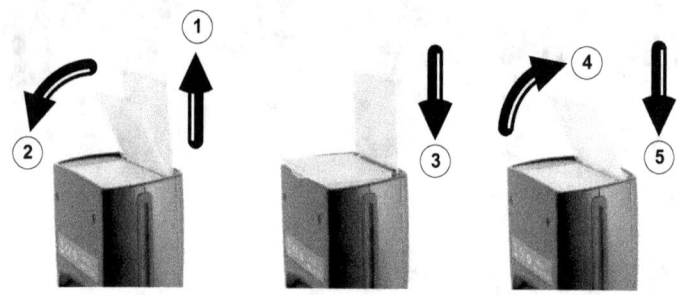

Abbildung 13: YN560 - *Reflektorkarte und Streulichtscheibe verwenden*

Reflektorkarte und Diffusor lassen sich jetzt wieder einzeln im Blitzkopf versenken. Auf diese Weise können Sie entweder nur den Reflektor oder nur den Weitwinkeldiffusor benutzen, je nach dem, was Sie gerade benötigen.

Allerdings sorgen weder die eingebaute Reflektorkarte noch die Streulichtscheibe für sichtbar weicheres Licht, auch wenn dies vielfach behauptet wird. Dies lässt sich nur durch indirektes Blitzen oder entsprechende Lichtformer erreichen. Weitere Informationen zum indirekten Blitzen finden Sie ab Seite 125 und zu Lichtformern ab Seite 131.

Einstellen von Leistung und Zoom

In der Grundeinstellung befindet sich der Aufsteckblitz nach dem Einschalten im Modus M bei einer Leistung von 1/128 und einem Zoom von 24 mm.

Grundfunktionen und Einstellungen 33

Die Vorgehensweise zur Einstellung von Leistung und Zoom ist in allen Betriebsarten identisch. Der Leistungswert von 1/128 steht dabei für die minimale Blitzleistung von ca. 0,8%. Die Leistung verdoppelt sich mit jeder Erhöhung der Stufe bis hin zu 1/1 für die vollen 100% Blitzleistung.

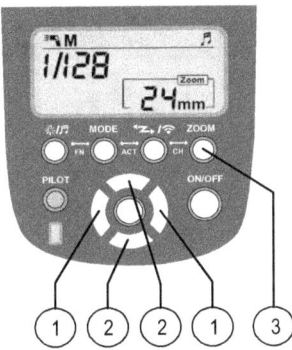

Abbildung 14: YN560 - Einstellung von Leistung und Zoom

(1) Links/Rechts: Leistungsänderung in ganzen Schritten
(2) Auf/Ab: Leistungsänderung in Zwischenschritten
(3) Zoomänderung von 24 mm bis 105 mm

Mit den Auswahltasten Links und Rechts wird die Änderung der Leistung von 1/128 bis 1/1 in ganzen Schritten vorgenommen. Mit den Auswahltasten Auf und Ab kann eine Feinabstufung der Blitzleistung vorgenommen werden.

Mit der Taste ZOOM wird der Abstrahlwinkel verändert, indem ein Motor den Reflektor im Blitzkopf vor- und zurückbewegt. Bei jeder Tastenbetätigung wird der Zoom-Faktor um eine Stufe erhöht. Durch die Änderung des Zoom-Faktors wird der Lichtkegel entweder schmaler (max. 105 mm) oder breiter (min. 24 mm), ähnlich wie bei einer Taschenlampe.

Die folgenden beiden Bilder zeigen den Unterschied zwischen dem Abstrahlwinkel beim Zoom-Faktor 24 mm und beim Zoom-Faktor 105 mm am Blitzgerät.

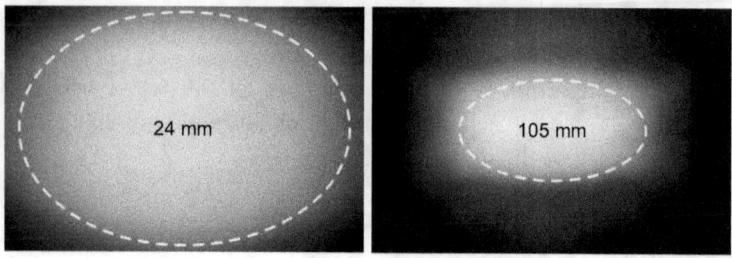

Abbildung 15: Lichtkegel bei der Zoom-Einstellung 24 mm und 105 mm

[Einstellungen: 1/250 bei f/4.5 – ISO 100 – 16 mm – 2 m Entfernung – 1/128]

Der Zoom-Faktor am Aufsteckblitz sollte für eine optimale Ausleuchtung immer entsprechend der tatsächlich gewählten Brennweite am Objektiv eingestellt werden.

Das folgende Beispiel zeigt die Auswirkungen der verschiedenen Zoom-Einstellungen von 24, 50 und 105 mm am Blitzgerät bei einer konstanten Brennweite von 50 mm an der Kamera.

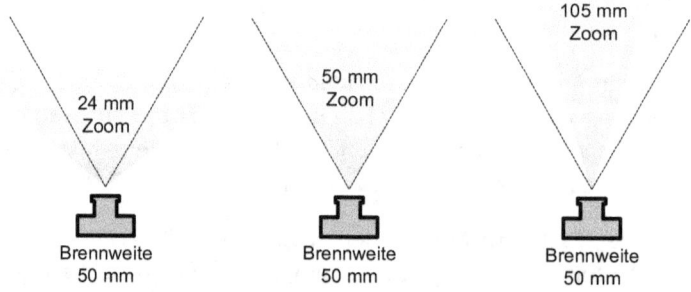

Abbildung 16: Zusammenwirken von Zoom-Faktor am Blitz und der Brennweite

Eine falsch gewählte Zoom-Einstellung kann unter Umständen dazu führen, dass entweder die Ränder oder weiter entfernte Bereiche nicht ausreichend ausgeleuchtet werden.

Grundfunktionen und Einstellungen 35

Die Zoom-Einstellung am Blitz kann natürlich auch absichtlich unterschiedlich zur Brennweite der Kamera gewählt werden, um damit bestimmte Ergebnisse bei der Lichtsetzung zu erzielen.

Der Multi-Modus

Mit der Taste MODE kann zwischen den beiden Modi M und Multi umgeschaltet werden. Im Modus Multi wird im Display oben links Multi angezeigt, sowie rechts neben der Leistung die Einstellungen für Blitzanzahl und Frequenz. Die Leistung kann im Multi-Modus im Bereich von 1/128 bis maximal 1/4 und nur in ganzen Schritten eingestellt werden.

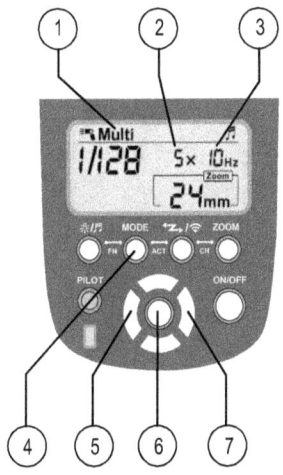

Abbildung 17: YN560 - Einstellung von Blitzanzahl und Frequenz im Multi-Modus

(1) Anzeige für Multi-Modus
(2) Anzahl der Blitze
(3) Blitzfrequenz
(4) Modus-Wahltaste
(5) Anzahl verringern
(6) Set-Taste
(7) Anzahl erhöhen

Mit dem Multi-Modus kann ein Stroboskop-Effekt erzielt werden. Während der Belichtung wird eine Reihe von Blitzen gezündet, die ein bewegtes Motiv innerhalb einer einzigen Aufnahme an verschiedenen Positionen belichten.

Zur Einstellung von Blitzanzahl und Frequenz halten Sie im Multi-Modus die Set-Taste gedrückt, bis der erste Wert blinkt. An dieser Stelle können Sie mit den Auswahltasten Links und Rechts einstellen, wie oft der Blitz insgesamt gezündet wird. Der Wert - - gibt vor, dass der Blitz unendlich oft, also während der gesamten Belichtungsdauer gezündet wird. Drücken Sie anschließend wieder die Set-Taste. Nun können Sie mit den Auswahltasten Links und Rechts die Frequenz (Blitze pro Sekunde) einstellen. Zum Verlassen der Einstellungen drücken Sie wieder die Set-Taste.

Beispielsweise legt eine Einstellung von 5 x 10 Hz fest, dass bei der Auslösung insgesamt fünf Blitze gezündet werden. Die Wiederholrate liegt hier bei zehn Blitzen pro Sekunde (Hz). Das bedeutet, dass die fünf Blitze mit dieser Frequenz innerhalb einer halben Sekunde ausgelöst werden.

Das folgende Foto zeigt einen hüpfenden Tennisball bei einer Belichtungszeit von zwei Sekunden. Der Blitz hat dabei fünfzehnmal pro Sekunde gezündet, insgesamt also dreißigmal.

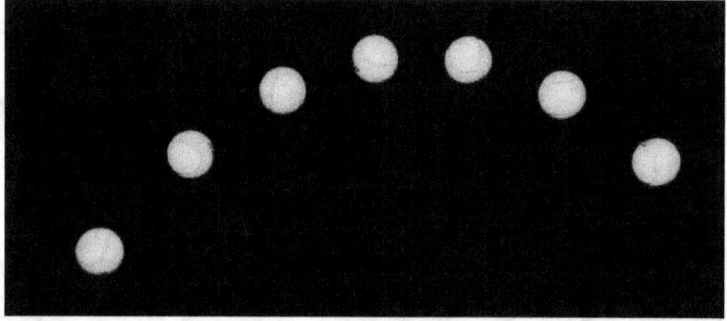

Abbildung 18: Hüpfender Tennisball im Stroboskop-Modus

[Einstellungen: 2" bei f/8.0 - ISO 100 – 24 mm – mit Blitz Multi 30 x 15Hz bei 1/64]

Grundfunktionen und Einstellungen 37

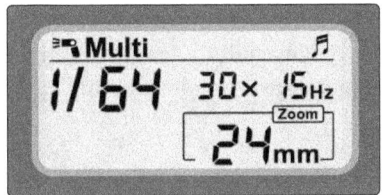

Abbildung 19: YN560 - Multi-Modus 30 x 15 Hz bei 1/64 Leistung

Die Belichtungszeit von zwei Sekunden ist in diesem Fall wesentlich länger als notwendig, denn auf dem Foto sind nur sieben Bälle zu sehen. Bei fünfzehn Blitzen pro Sekunde zeigt die Aufnahme also nur eine halbe Sekunde effektive Belichtungszeit. Da es aber recht schwierig ist, einen springenden Ball innerhalb dieser halben Sekunde genau vor das Objektiv zu bekommen, wurde die Belichtungszeit auf zwei Sekunden erhöht. Die restlichen anderthalb Sekunden ohne Ball blitzt der Blitz nur auf den schwarzen Hintergrund, was keine Auswirkungen auf die Aufnahme hat.

Da der Stroboskop-Modus je nach Einstellung eine sehr hohe Blitzleistung erfordern kann, können nicht alle Einstellungen von Leistung, Anzahl und Frequenz beliebig kombiniert werden. Wird beispielsweise die Leistung erhöht, so werden Anzahl und Frequenz der Blitze automatisch begrenzt. Die maximalen Werte, die im Multi-Modus gewählt werden können, sind im Anhang auf Seite 160 aufgelistet.

Im Multi-Modus sollte nach Möglichkeit ein Satz frisch geladener Akkus verwendet werden und das Blitzgerät zwischen mehreren Serien immer ausreichend Zeit zum Abkühlen bekommen.

Beleuchtung und Statusanzeigen

Der YN560 verfügt seit der Generation II über ein beleuchtetes LC-Display. Ein kurzer Druck auf den Beleuchtungs- und Signaltonschalter schaltet die Hintergrundbeleuchtung der Bedienfeldanzeige jeweils ein und wieder aus. Damit wird das Ablesen der Einstellungen auch bei Dunkelheit ermöglicht.

Ein längerer Druck auf den Schalter aktiviert bzw. deaktiviert die Signaltöne. Sind die Signaltöne eingeschaltet, erscheint oben rechts in der Bedienfeldanzeige ein entsprechendes Symbol.

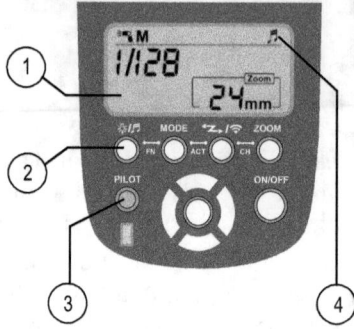

Abbildung 20: YN560 - Einstellung von Beleuchtung und Signaltönen

(1) Beleuchtete Bedienfeldanzeige
(2) Beleuchtungs- und Signaltonschalter
(3) Bereitschaftsanzeige
(4) Symbol für aktivierte Signaltöne

Wird die Beleuchtung nicht wieder ausgeschaltet, so schaltet sie sich nach einer einstellbaren Zeit automatisch ab. Diese Zeit kann in den Funktionseinstellungen geändert werden.

Die Bereitschaftsanzeige

Die Taste PILOT dient zur Auslösung von Testblitzen und ist gleichzeitig die Zustandsanzeige des Blitzgerätes.

Anzeige	Bedeutung
Rot	Der Blitz ist aufgeladen und bereit zur Auslösung
Grün	Der Blitz wird gerade geladen. Sollte die Anzeige längere Zeit grün bleiben, so ist entweder der Blitz überhitzt oder die Batterien sind fast leer.
Rot blinkend	Das Gerät befindet sich im Energiesparmodus

Tabelle 1: YN560 - Die Signale der Bereitschaftsanzeige

Grundfunktionen und Einstellungen 39

Akustische Signalisierung

Die Signaltöne sorgen dafür, dass man bei Geräten außerhalb des Blickfeldes akustisch über den aktuellen Zustand informiert wird. Das kann beispielsweise der Fall sein, wenn sich ein Blitzgerät hinter einem Durchlichtschirm oder einer Softbox befindet.

Signalton	Bedeutung
	Das Gerät wurde eingeschaltet
Zwei kurze Töne	Die Signaltöne wurden aktiviert
	Ein Blitz wurde gezündet
Drei kurze Töne	Der Blitz ist noch nicht vollständig geladen und kann daher nicht gezündet werden
Ein langer Ton	Der Blitz ist aufgeladen und bereit
Mehrere kurze Töne	Die Batterien sind leer und müssen gewechselt werden

Tabelle 2: YN-560 - Die Töne der akustischen Signalisierung

Sobald die Batterien nicht mehr ausreichend Strom zum Aufladen des Blitzes liefern können, blinkt das Batteriesymbol unten rechts in der Bedienfeldanzeige.

Abbildung 21: YN560 - Blinkendes Batteriewarnsymbol

Danach schaltet sich das Gerät mit einer Reihe von mehreren kurzen Signaltönen ab.

Der Blitzständer

Der im Lieferumfang des YN560 enthaltene Blitzständer hat zwei Funktionen. Auf der Oberseite hat der Ständer eine Aufnahme für den Blitzfuß, um das Blitzgerät freistehend aufstellen zu können.

Auf der Unterseite verfügt der Blitzständer über ein ¼"-Gewinde, mit dem er auf einem Stativ mit einer ¼"-Schraube befestigt werden kann. Da es sich um ein Kunststoffgewinde handelt, sollte der Blitzständer mit etwas Gefühl auf die Stativschraube gedreht werden, um das Gewinde im Blitzständer nicht zu beschädigen.

Serienbilder

Der YN560 ist in der Lage, bei der Auslösung von Serienbildern eine entsprechende Anzahl Blitze zu liefern. Die Geschwindigkeit hängt jedoch von der gewählten Blitzleistung und dem Ladezustand der Batterien ab. Es sollte also eine möglichst geringe Blitzleistung gewählt werden, da bei einer hohen Leistung die Nachladezeit zwischen den Blitzen selbst bei vollen Akkus zu lang ist.

Energiesparmodus

In Abhängigkeit von der jeweiligen Betriebsart bietet der YN560 drei verschiedene Energiesparmodi: M/Multi/TX, RX und S1/S2.

Sobald das Blitzgerät nach einer bestimmten Leerlaufzeit in den Energiesparmodus wechselt, blinkt die PILOT-Leuchte und in der Bedienfeldanzeige blinken die Buchstaben SE (Saving Energy). Ein kurzer Druck auf die PILOT-Taste oder den Ein-/Ausschalter beendet den Energiesparmodus.

Wird das Blitzgerät aus dem Energiesparmodus innerhalb einer bestimmten Zeit nicht wieder aufgeweckt, schaltet sich das Gerät vollständig ab.

Überhitzungsschutz

Der YN560 verfügt über einen Überhitzungsschutz, der eine Beschädigung des Gerätes durch zu schnelle Blitzfolgen verhindern soll. Erkennt das Gerät, dass die Gefahr einer Überhitzung besteht, so wird die Nachladezeit zwischen zwei Blitzen verlängert. In dieser Zeit bleibt die Bereitschaftsanzeige grün und jeder weitere Versuch, den Blitz zu zünden wird akustisch mit drei kurzen Signaltönen quittiert. Nach einer Abkühlungszeit von wenigen Minuten lädt der Blitz dann wieder in der gewohnten Geschwindigkeit nach.

Grundsätzlich sollte bei intensiver Nutzung des Blitzgerätes die Leistung von 1/4 nicht überschritten werden und nach maximal zwanzig Auslösungen eine kurze Pause von zehn Minuten eingelegt werden. Es empfiehlt sich, während dieser Zeit die Batterien herauszunehmen, damit sich Blitzgerät und Batterien schneller abkühlen können.

Funktionseinstellungen

Bei den Modellen YN560 III und YN560 IV kann durch das gleichzeitige Betätigen der Beleuchtungs- und Signaltontaste und der Modus-Wahltaste das Menü für die Funktionseinstellungen (FN) aktiviert werden. In diesem Menü lassen sich folgende Grundeinstellungen des Blitzgerätes verändern:

- Gruppenauswahl (nur YN560 IV)
- Energiesparmodus
- Energiespareinstellungen für die Modi M/Multi/TX
- Energiespareinstellungen für den Modus S1/S2
- Hintergrundbeleuchtung
- Signaltöne
- Feineinstellungen für die Blitzleistung

- Schnelles Ein- und Ausschalten
- Funkprotokoll
- Zurücksetzen der Einstellungen

In das Einstellungsmenü gelangen Sie mit der Funktion FN, die Sie durch die gleichzeitige Betätigung des Beleuchtungs- und Signaltonschalters und der Modus-Wahltaste aktivieren.

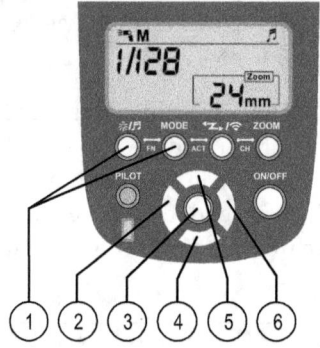

Abbildung 22: YN560 - Funktionseinstellungen (FN)

(1) FN: Auswahl des Funktionseinstellungsmenüs
(2) Links: Vorheriger Wert
(3) Set: Einstellungen speichern
(4) Ab: Nächster Menüpunkt
(5) Auf: Vorheriger Menüpunkt
(6) Rechts: Nächster Wert

Mit den Tasten Auf und Ab kann zwischen den Menüpunkten gewechselt werden, die Tasten Links und Rechts wählen den Wert für diese Einstellung aus. Mit der Set-Taste werden die geänderten Einstellungen gespeichert und das Funktionsmenü verlassen.

Grundfunktionen und Einstellungen 43

Gruppenauswahl (nur YN560 IV)

Der YN560 IV kann im TX-Modus andere Blitzgeräte in bis zu drei Gruppen (A/B/C) ansteuern. Mit dieser Funktion wird eingestellt, ob für den TX-Modus nur die Gruppe A, die Gruppen A/B oder alle drei Gruppen zur Auswahl stehen.

Einstellung	Beschreibung
Gr Ab c	Die Gruppen A, B und C können ausgewählt werden
Gr Ab	Die Gruppen A und B können ausgewählt werden
Gr A	Nur die Gruppe A kann ausgewählt werden

Energiesparmodus

Mit dieser Einstellung wird festgelegt, ob das Gerät in den Energiesparmodus wechseln darf. Wenn der Energiesparmodus deaktiviert wird, sind die Energiespareinstellungen der einzelnen Modi (M/Multi/TX, RX und S1/S2) außer Kraft gesetzt. Das Gerät bleibt ständig in Bereitschaft, was einen höheren Stromverbrauch und somit eine kürzere Batterie- bzw. Akkulaufzeit zur Folge hat.

Einstellung	Beschreibung
SL EP on	Energiesparmodus ist eingeschaltet
SL EP --	Energiesparmodus ist ausgeschaltet

Energiespareinstellungen für die Modi M/Multi/TX

Die Energiespareinstellungen für die Betriebsarten M, Multi und TX können in vier Stufen vorgenommen werden. Der erste Wert gibt an, wann das Gerät in den Energiesparmodus wechselt, der zweite Wert gibt an, nach welcher Zeit das Gerät automatisch abgeschaltet wird. Die Zeitangaben sind jeweils in Minuten.

Einstellung	Beschreibung
SE 3 30 oF	Energiesparmodus nach 3 Minuten, Ausschalten des Gerätes nach 30 Minuten
SE 15 60 oF	Energiesparmodus nach 15 Minuten, Ausschalten des Gerätes nach 60 Minuten
SE 30 120 oF	Energiesparmodus nach 30 Minuten, Ausschalten des Gerätes nach 120 Minuten
SE -- 120 oF	Kein Energiesparmodus, Ausschalten des Gerätes nach 120 Minuten

Energiespareinstellungen für den Modus S1/S2

Im Modus S1/S2 gibt es keinen Energiesparmodus, sondern nur ein automatisches Abschalten des Gerätes. Die Leerlaufzeit bis zum Ausschalten kann hier in drei Stufen angegeben werden.

Einstellung	Beschreibung
Sd 30	Ausschalten des Gerätes nach 30 Minuten
Sd 60	Ausschalten des Gerätes nach 60 Minuten
Sd 120	Ausschalten des Gerätes nach 120 Minuten

Grundfunktionen und Einstellungen 45

Energiespareinstellungen für den Modus RX

Die hier eingestellten Zeiten für den Energiesparmodus und das Abschalten des Gerätes gelten nur für den Betrieb als Empfänger im RX-Modus.

Einstellung	Beschreibung
Sd 5 30	Energiesparmodus nach 5 Minuten, Ausschalten des Gerätes nach 30 Minuten
Sd 15 60	Energiesparmodus nach 15 Minuten, Ausschalten des Gerätes nach 60 Minuten
Sd 30 120	Energiesparmodus nach 30 Minuten, Ausschalten des Gerätes nach 120 Minuten
Sd -- 120	Kein Energiesparmodus, Ausschalten des Gerätes nach 120 Minuten

Hintergrundbeleuchtung

Dieser Menüpunkt steuert, nach welcher Zeit sich die Beleuchtung der Bedienfeldanzeige automatisch abschaltet.

Einstellung	Beschreibung
lcd 7	Die Hintergrundbeleuchtung schaltet sich nach 7 Sekunden ab
lcd 15	Die Hintergrundbeleuchtung schaltet sich nach 15 Sekunden ab
lcd 30	Die Hintergrundbeleuchtung schaltet sich nach 30 Sekunden ab

Signaltöne

Mit dieser Einstellung werden die Signaltöne aktiviert oder deaktiviert. Die Signaltöne lassen sich ebenfalls durch den Beleuchtungs- und Signaltonschalter am Bedienfeld ein- und ausschalten.

Einstellung	Beschreibung
So nd on	Die Signaltöne sind eingeschaltet
So nd --	Die Signaltöne sind ausgeschaltet

Feineinstellungen für die Blitzleistung

Die Einstellung für die Blitzleistung kann neben vollen Stufen auch in Zwischenstufen reguliert werden. In diesem Menüpunkt werden die möglichen Schritte ausgewählt.

Einstellung	Beschreibung
Inc 0.3	Erhöhung um 0.3 und 0.7
Inc 0.5	Erhöhung um 0.5
Inc 0.3 5	Erhöhung um 0.3, 0.5 und 0.7

Grundfunktionen und Einstellungen 47

Schnelles Ein- und Ausschalten

Ist das schnelle Ein- und Ausschalten aktiviert, so reicht bereits ein kurzer Druck auf den Ein-/Ausschalter, um das Gerät ein- bzw. auszuschalten. Damit das Gerät nicht versehentlich ein- oder ausgeschaltet werden kann, ist diese Option standardmäßig deaktiviert.

Einstellung	Beschreibung
qu ic --	Schnelles Ein- und Ausschalten ist deaktiviert
qu ic on	Schnelles Ein- und Ausschalten ist aktiviert

Funkprotokoll

Um in den Betriebsarten TX und RX kompatibel zu den älteren Funkauslösern der Reihe RF-602 zu sein, kann unter diesem Menüpunkt das Funkprotokoll umgeschaltet werden.

Einstellung	Beschreibung
rF 60 3	Das Gerät verwendet als Sender und Empfänger das RF-603-kompatible Funkprotokoll
rF 60 2	Das Gerät verwendet als Sender und Empfänger das RF-602-kompatible Funkprotokoll

Das momentan eingestellte Funkprotokoll (RF-603 oder RF-602) wird beim Einschalten des Gerätes kurz im Display angezeigt.

Einstellungen zurücksetzen

Um alle Funktionseinstellungen wieder auf die Werksvorgaben zurückzusetzen, muss in diesem Menüpunkt die Set-Taste drei Sekunden gedrückt gehalten werden.

Einstellung	Beschreibung
CL ER	Für das Rücksetzen aller Funktionseinstellungen auf die Werksvorgaben Set-Taste gedrückt halten

Anschließend wird der Vorgang durch zwei kurze Signaltöne quittiert und das Menü der Funktionseinstellungen verlassen.

Dieser Vorgang setzt nur die Funktionseinstellungen zurück. Alle anderen Einstellungen wie Betriebsart, Leistung oder Zoom bleiben erhalten.

Der Funkauslöser RF-603 (II)

Beschreibung und Lieferumfang

Den Funkauslöser Yongnuo RF-603 gibt es in zwei verschiedenen Ausführungen: den RF-603 der ersten Generation und dessen Nachfolger, den RF-603 II. Dieses Kapitel erklärt hauptsächlich die Bedienung des neueren RF-603 II, wobei sich das meiste davon auch auf den Vorgänger RF-603 übertragen lässt. Auf die Modelle RF-602 und RF-605 von Yongnuo wird am Ende dieses Kapitels kurz eingegangen.

Der Haupteinsatzzweck des RF-603 II ist das Auslösen von manuellen Blitzgeräten über Funk. Durch seine äußerst einfache Bedienung und seinen günstigen Preis eignet er sich hervorragend für den Einstieg in das entfesselte Blitzen.

Mit dem Funkauslöser RF-603 II können fast alle beliebigen Blitzgeräte mit Standard-Blitzfuß und Mittenkontakt sowie viele Studioblitze über Funk ausgelöst werden. Darüber hinaus lässt sich der RF-603 II mit einem passenden Kabel auch noch als Fernauslöser für die Kamera einsetzen.

Der Funkauslöser RF-603 II wird normalerweise im Doppelpack in einer herstellerspezifischen Ausführung entweder als RF-603N II für Nikon oder als RF-603C II für Canon angeboten. Die Unterschiede zwischen den beiden Varianten liegen in der Anordnung der Kontakte am Blitzfuß. Je nach Hersteller sind die Kontakte anders angeordnet, um so eine bessere Unterstützung beim Aufwecken von Blitzen aus dem Energiesparmodus zu erreichen. Grundsätzlich lassen sich beide Varianten aber auch auf Kameras anderer Hersteller betreiben, die über einen Standard-Blitzschuh mit Mittenkontakt verfügen.

Beim RF-603 II wird bei den angebotenen Sets nicht nur nach Nikon oder Canon unterschieden, sondern auch zusätzlich noch nach dem mitgelieferten Auslösekabel N1, N3, C1 oder C3. Der

Funkauslöser RF-605 hingegen wird immer mit beiden Kabeln des jeweiligen Herstellers ausgeliefert. Eine Übersicht der verschiedenen Auslösekabel finden Sie im Anhang auf der Seite 159.

Im Lieferumfang eines Sets RF-603 II sind enthalten:

- Zwei RF-603 II Transceiver - entweder in der Variante RF-603C II (für Canon) oder RF-603N II (für Nikon)

- Ein Auslösekabel vom Typ LS-2.5 - auf der einen Seite mit einem 2,5 mm Klinkenstecker und je nach Set mit einem kameraspezifischen Stecker C1 oder C3 (Canon) bzw. N1, N2 oder N3 (Nikon) auf der anderen Seite

- Eine gedruckte Kurzanleitung in den Sprachen Englisch und Chinesisch

Da es sich beim RF-603 um einen Transceiver handelt, also Transmitter (Sender) und Receiver (Empfänger) in einem Gerät, spielt es keine Rolle, welches der Geräte als Sender oder als Empfänger eingesetzt wird. Möchten Sie ihr RF-603-System um zwei zusätzliche Empfänger erweitern, so kaufen Sie einfach ein weiteres Set mit zwei Transceivern dazu.

Auch TTL-Blitzgeräte lassen sich mit dem RF-603 II verwenden, allerdings nur im manuellen Modus. Die TTL-Signale von der Kamera werden weder durch den RF-603 II hindurch an einen TTL-Aufsteckblitz durchgereicht (TTL-Pass-Through), noch werden sie über Funk übertragen. Wer seine Blitzgeräte mit voller TTL-Funktionalität entfesselt nutzen möchte, sollte dafür die Funkauslöser YN622 von Yongnuo verwenden. Der neuere YN622 II kann im Modus 560-RX auch als ganz normaler RF-603-kompatibler Empfänger eingesetzt werden.

Der Funkauslöser RF-603 (II)   51

Die Bedienelemente

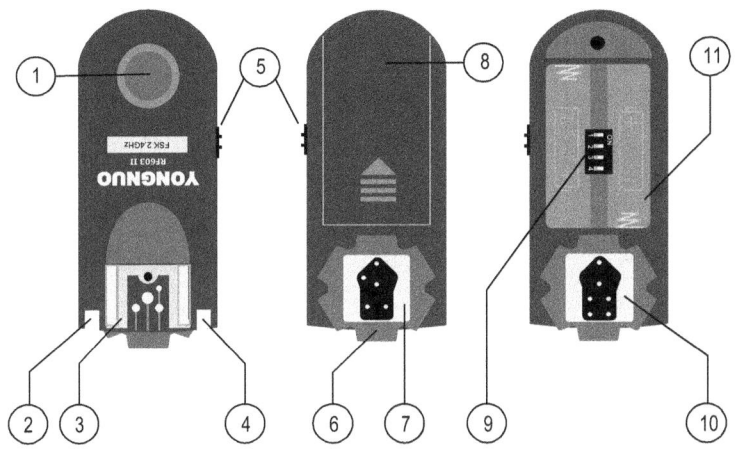

Abbildung 23: RF-603 II - Oberseite und Unterseite mit Batteriefach

(1) 2-Stufen-Auslöseknopf
(2) Anzeige für Fokus (Grün) und Kamera-Auslösung (Rot)
(3) Blitzschuh
(4) Anzeige für Wake-Up (Grün) und Blitz-Fernauslösung (Rot)
(5) Ein-/Ausschalter (OFF/TX/TRX)
(6) Drehrad zur Befestigung
(7) Blitzfuß (Nikon-Ausführung)
(8) Batteriefachdeckel
(9) Programmierschalter zur Einstellung des Funkkanals
(10) Blitzfuß (Canon-Ausführung)
(11) Batteriefach

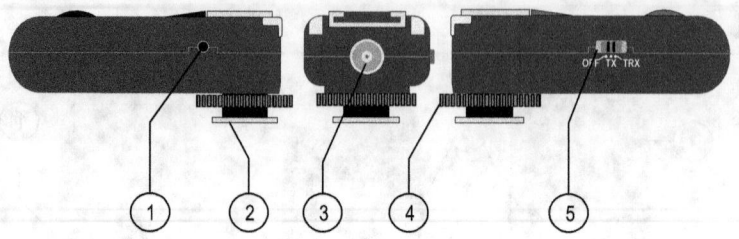

Abbildung 24: RF-603 II - Seitenansicht links/rechts und Rückseite

(1) 2,5 mm Klinkenbuchse für das Auslösekabel
(2) Blitzfuß
(3) Ausgang für den PC-Sync-Anschluss
(4) Drehrad zur Befestigung
(5) Ein-/Ausschalter (OFF/TX/TRX)

Unterschiede zwischen RF-603 und RF-603 II

Die wichtigsten Unterschiede des RF-603 II im Vergleich zu seinem Vorgänger RF-603 sind:

- Der Ein-/Ausschalter befindet sich gut erreichbar an der Gehäuseseite. Dadurch ist der Schalter bei einem auf dem Transceiver montierten Aufsteckblitz besser zugänglich.

- Ein Drehrad zur sicheren Befestigung des Transceivers am Blitzschuh verhindert, dass sich der Transceiver mit montiertem Aufsteckblitz aus dem Blitzschuh löst und herunterfällt.

- Der Senderbetrieb TX kann aktiviert werden, um Blitzgeräte aus dem Energiesparmodus aufzuwecken oder Testblitze auszulösen.

- Eine kürzere Blitzsynchronzeit von bis zu 1/320 wird unterstützt.

- Eine höhere Triggerspannung von bis zu 300V ermöglicht die Verwendung von älteren Blitzgeräten

Der Funkauslöser RF-603 (II)

RF-603-Kompatibilität

Der RF-603 II kann mit allen Geräten per Funk kommunizieren, die kompatibel zum RF-603-Funkprotokoll von Yongnuo sind.

Gerät	als Empfänger	als Sender
Aufsteckblitz YN560 III	RX	-
Aufsteckblitz YN560 IV	RX	TX
Aufsteckblitz YN560Li	RX	TX
Aufsteckblitz YN660	RX	TX
Aufsteckblitz YN685	RF603/SLAVE	-
Aufsteckblitz YN720	Rx 603	Tx 603
Aufsteckblitz YN860Li	RX	TX
Steuereinheit YN560-TX (II)	ja	ja
Funkauslöser RF-603	ON	ON
Funkauslöser RF-603 II	TRX	TRX
Funkauslöser RF-605	TRX	TRX
Funkauslöser YN622 II	560-RX	-

Tabelle 3: RF-603 - Kompatibilitätsmatrix

Einstellen des Funkkanals

Wie auch die Aufsteckblitze YN560 III und IV kann der RF-603 II auf einen von 16 möglichen Funkkanälen eingestellt werden. Nur Geräte, die auf den gleichen Kanal eingestellt sind, können miteinander kommunizieren. Im Auslieferungszustand sind alle Geräte auf den Kanal 1 voreingestellt. Davon sollte man nur abweichen, wenn es unbedingt erforderlich ist. Das kann beispielsweise der Fall sein, wenn andere Fotografen in der Nähe ebenfalls Geräte mit dem RF-603-Funkprotokoll auf dem gleichen Kanal einsetzen.

Die Blitze YN560 III und YN560 IV, die Steuereinheit YN560-TX sowie der Funkauslöser RF-605 zeigen den gewählten Funkkanal nicht nur als Zahl im Display an, sondern gleichzeitig auch noch in Form eines DIP-Schalters[4], so wie er in den RF-603-Geräten verwendet wird. Die im Display angezeigte Schalterstellung muss dann auf den Programmierschalter im Batteriefach des RF-603 II übertragen werden, um den gleichen Kanal einzustellen.

Das folgende Beispiel zeigt die Einstellungen für Kanal 4 an einem Aufsteckblitz YN560 IV und einem RF-603 II Transceiver.

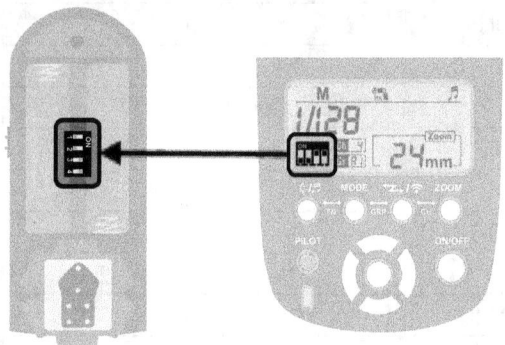

Abbildung 25: RF-603 II - Einstellen des Funkkanals

Eine vollständige Auflistung aller möglichen Kanaleinstellungen finden Sie im Anhang auf Seite 158.

Inbetriebnahme

Zur Inbetriebnahme müssen jeweils zwei AAA-Batterien bzw. Akkus in den Transceiver eingelegt werden. Schieben Sie dazu den Batteriefachdeckel auf der Unterseite mit einem leichten Druck auf den Pfeil vom Blitzfuß weg. Legen Sie die Batterien oder Akkus wie auf der Markierung im Batteriefach angegeben ein und schließen Sie das Batteriefach wieder.

Zur Montage des Transceivers auf der Kamera lösen Sie zuerst das Befestigungsrad am Blitzfuß, indem Sie das Rad im Uhrzeigersinn

---

[4] DIP ist die Abkürzung für Dual In-line Package und beschreibt eine Bauform, die in der Elektronik verwendet wird.

drehen. Danach schieben Sie den Transceiver in den Blitzschuh der Kamera. Zum Schluss ziehen Sie beim RF-603 II das Befestigungsrad wieder so weit in die entgegengesetzte Richtung an, bis der Transceiver fest im Blitzschuh sitzt und nicht herausfallen kann.

Achtung: Die Funkauslöser RF-602 und RF-603 besitzen kein Befestigungsrad am Blitzfuß. Achten Sie daher darauf, dass der Auslöser während der Benutzung nicht aus dem Blitzschuh rutscht. Das gilt insbesondere dann, wenn Sie im Blitzschuh des Funkauslösers noch einen Aufsteckblitz befestigt haben, der für zusätzliches Gewicht sorgt.

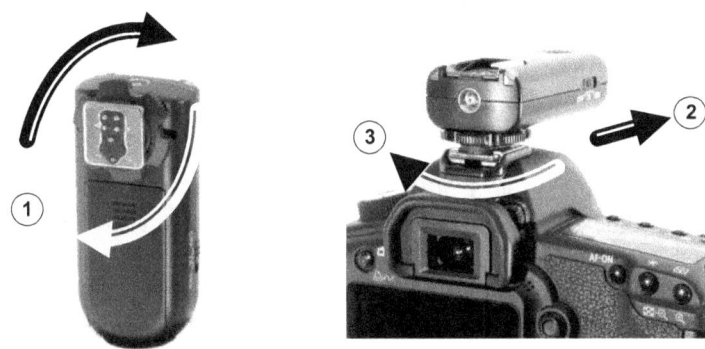

Abbildung 26: RF-603 II - Befestigung des Transceivers im Blitzschuh der Kamera

Schalten Sie den Transceiver ein, indem Sie beim RF-603 II den Schalter an der rechten Seite in die Position TRX schieben. Beim Funkauslöser RF-603 schieben Sie den Ein-Ausschalter auf der Oberseite in die Position ON.

Zum Entfernen des Transceivers von der Kamera führen Sie die zuvor beschriebenen Schritte in der umgekehrten Reihenfolge durch.

Die Einstellungen TX und TRX

Im Gegensatz zu den RF-603 der ersten Generation, dessen Schalter nur die beiden Stellungen ON und OFF kennt, gibt es am RF-603 II drei verschiedene Schalterstellungen: OFF, TX und TRX.

Im Normalbetrieb sollte der Transceiver immer mit der Einstellung TRX (Transmit/Receive) betrieben werden. Dies entspricht der Stellung ON am RF-603. In der Einstellung TRX kann der RF-603 II als Sender oder als Empfänger eingesetzt werden.

Die Stellung TX (Transmit) wird nur dann benötigt, wenn man die entfernten Empfänger aus dem Energiesparmodus aufwecken möchte (Auslöser auf Stufe 1) oder einen Testblitz zünden möchte (Auslöser auf Stufe 2), ohne dabei jedoch die Kamera auszulösen.

Der RF-603 II als Fernauslöser für Blitzgeräte

RF-603-kompatible Sender wie beispielsweise der Blitz YN560 IV oder die Sendeeinheit YN560-TX können Blitzgeräte wie den YN560 III bzw. IV über den eingebauten Empfänger per Funk auslösen. Wenn es darum geht, zusätzlich auch noch Blitzgeräte ohne Funkunterstützung wie den YN560 II, Blitzgeräte anderer Hersteller oder Studioblitze über Funk auszulösen, dann ist der Funkauslöser RF-603 II die ideale Lösung für diese Aufgabe.

Aufbau 1: YN560 III oder YN560 IV im RX-Modus

In diesem Aufbau wird ein entfernter YN560 IV durch einen RF-603 II auf der Kamera über Funk ausgelöst.

Befestigen Sie dazu den Funkauslöser im Blitzschuh der Kamera und wählen Sie am Transceiver die Schalterstellung TRX. Schalten Sie anschließend die Kamera ein. Am Blitzgerät wählen Sie den Modus RX und stellen die gewünschte Leistung entsprechend ein.

 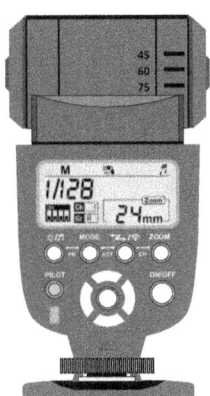

Abbildung 27: RF-603 II - Auslösung eines YN560 IV im Modus RX

Wenn die Auslösetaste an der Kamera ganz durchgedrückt wird (Stufe 2), löst die Kamera aus. Die rechte LED am Transceiver leuchtet während der Auslösung rot. Über das Funksignal wird der Blitz gezündet und die Empfangsanzeige am Blitzgerät leuchtet rot. Beim Zünden des Blitzes sind zwei kurze Signaltöne zu hören.

Sobald der Blitz wieder aufgeladen und bereit für die nächste Auslösung ist, wechselt die Bereitschaftsanzeige von Grün auf Rot. Zusätzlich wird dies noch durch einen langen Signalton angezeigt.

Sollen in diesem Aufbau mehrere Blitzgeräte gleichzeitig betrieben und ausgelöst werden, so müssen alle weiteren Blitze wie oben beschrieben konfiguriert werden.

Aufbau 2: Manueller Blitz mit RF-603 II am Blitzfuß

In diesem Aufbau wird ein entfernter manueller Blitz eines beliebigen Herstellers durch einen RF-603 II auf der Kamera über Funk ausgelöst.

Befestigen Sie dazu den Funkauslöser im Blitzschuh der Kamera und wählen Sie am Transceiver die Schalterstellung TRX. Schalten Sie anschließend die Kamera ein. Befestigen Sie den anderen Transceiver am Fuß des Blitzgerätes und schalten Sie den

Transceiver in den Modus TRX. Nun schalten Sie das Blitzgerät ein und stellen Sie die gewünschte Leistung ein.

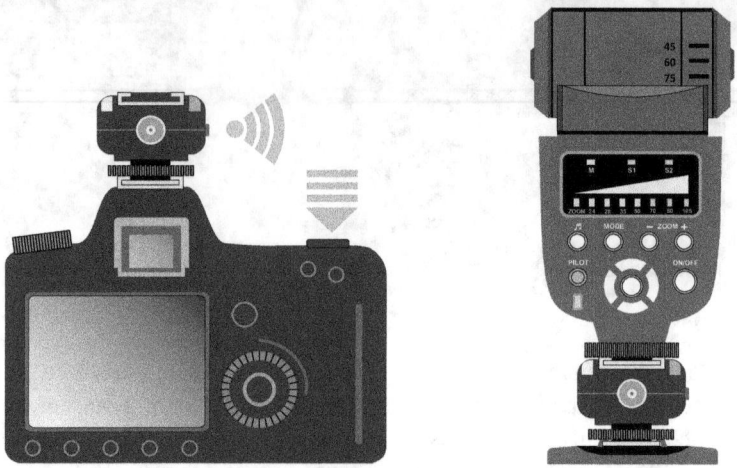

Abbildung 28: RF-603 II - Auslösung eines manuellen Blitzes auf einem RF-603 II

Wenn die Auslösetaste an der Kamera ganz durchgedrückt wird (Stufe 2), löst die Kamera aus. Über das Funksignal wird der andere Transceiver ebenfalls ausgelöst und zündet den Blitz. Während der Auslösung leuchten die jeweils rechten LED an beiden Transceivern rot. Beim Zünden des Blitzes sind zwei kurze Signaltöne zu hören.

Sobald der Blitz wieder aufgeladen und bereit für die nächste Auslösung ist, wechselt die Bereitschaftsanzeige von Grün auf Rot. Zusätzlich wird dies noch durch einen langen Signalton angezeigt.

Sollen in diesem Aufbau mehrere Blitzgeräte gleichzeitig betrieben und ausgelöst werden, so müssen alle weiteren Blitze wie oben beschrieben konfiguriert werden. Ein gemischter Betrieb mit RF-603-Empfängern und Blitzen mit integrierten Empfängern wie dem YN560 III bzw. IV ist problemlos möglich.

Der RF-603 II als Fernauslöser für die Kamera

Neben dem häufigsten Anwendungsfall, dem funkgesteuerten Auslösen von Blitzgeräten, kann der RF-603 II über das mitgelieferte Auslösekabel LS-2.5 auch die Kamera auslösen.

Eine Übersicht über die Steckertypen und an welchen Kameras diese passen, finden Sie im Anhang auf Seite 159.

Aufbau 1: Auslösung der Kamera über Kabel

Diese Variante kann beispielsweise verwendet werden, wenn sich die Kamera auf einem Stativ befindet und man die Auslösetaste an der Kamera nicht verwenden möchte, um bei längeren Belichtungszeiten die Gefahr des Verwackelns zu vermeiden.

Verbinden Sie dazu den Fernauslöser-Eingang der Kamera und den Funkauslöser mit dem Auslösekabel. Schalten Sie die Kamera ein und wählen Sie am Funkauslöser die Schalterstellung TRX.

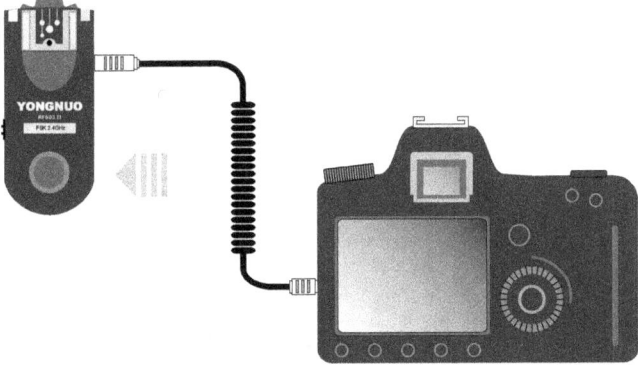

Abbildung 29: RF-603 II - Auslösung der Kamera über Auslösekabel

Durch das Antippen der Auslösetaste am Transceiver (Stufe 1) wird die Kamera fokussiert. Dabei leuchtet am Transceiver die LED auf der Seite des Auslösekabels grün.

Sobald die Auslösetaste am Transceiver ganz durchgedrückt wird (Stufe 2), löst die Kamera aus. Die LED am Transceiver leuchtet während der Auslösung rot. Die Auslösetaste am Transceiver verhält sich genauso wie die Auslösetaste an der Kamera.

Aufbau 2: Auslösung der Kamera über Funksignal

Für diese Variante der Auslösung werden zwei Funkauslöser benötigt. Dieser Aufbau entspricht im Grunde der Variante 1, mit dem Unterschied, dass der Transceiver an der Kamera nun durch einen zweiten Transceiver über Funk angesteuert wird. Das ermöglicht im Gegensatz zum kurzen Auslösekabel größere Entfernungen zur Kamera.

Verbinden dazu Sie einen der beiden Funkauslöser und den Fernauslöser-Eingang der Kamera mit dem Auslösekabel und befestigen Sie diesen Transceiver im Blitzschuh der Kamera. Schalten Sie die Kamera ein und stellen Sie den Schalter der beiden Funkauslöser auf die Position TRX.

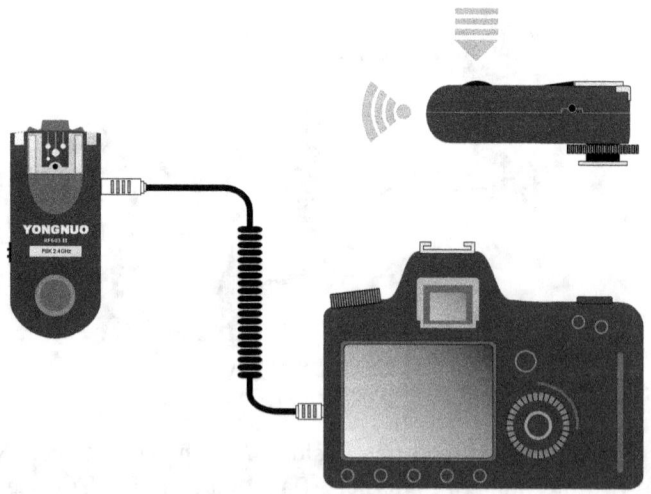

Abbildung 30: RF-603 II - Auslösung der Kamera über Funksignal

Durch das Antippen der Auslösetaste am Transceiver (Stufe 1) wird die Kamera fokussiert. Während dieses Vorgangs leuchten beide LEDs an beiden Transceivern grün.

Sobald Sie die Auslösetaste am Transceiver ganz durchdrücken (Stufe 2), löst die Kamera aus. Die jeweils linke LED an beiden Transceivern leuchtet so lange rot, wie Sie die Taste gedrückt halten. Die jeweils rechte LED wechselt für die Dauer der Belichtung von Grün auf Rot.

Diese Variante kann auch erweitert werden, so dass mehrere Kameras aus verschiedenen Perspektiven (z.B. bei größeren Feierlichkeiten oder Sportereignissen) zeitgleich mit nur einem Transceiver ausgelöst werden können.

Aufbau 3: Auslösung durch ein mobiles Blitzgerät

Bei dieser Variante ist die Kamera fest auf das Motiv gerichtet, beispielsweise über ein Stativ. Um bei verschiedenen Aufnahmen das Licht flexibel gestalten zu können, wird das Blitzgerät in der Hand gehalten. Die Auslösung erfolgt dabei über den Transceiver, der am Blitzfuß angebracht ist. Dieser Transceiver zündet den Blitz und sendet gleichzeitig ein Funksignal an den Transceiver im Blitzschuh der Kamera, der wiederum über das Auslösekabel die Kamera auslöst.

Verbinden dazu Sie einen der beiden Funkauslöser und den Fernauslöser-Eingang der Kamera mit dem Auslösekabel und befestigen Sie diesen Transceiver im Blitzschuh der Kamera. Befestigen Sie im Blitzschuh des zweiten Transceivers einen Aufsteckblitz und wählen Sie am Blitz den Modus M. Schalten Sie die Kamera ein und stellen Sie den Schalter der beiden Funkauslöser auf die Position TRX.

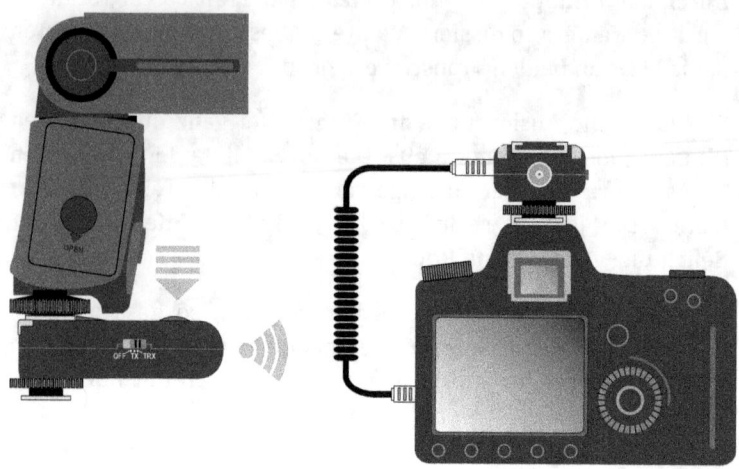

Abbildung 31: RF-603 II - Auslösung der Kamera über mobilen Blitz

Durch das Antippen der Auslösetaste des Transceivers am Blitz (Stufe 1) wird die Kamera fokussiert. Während dieses Vorgangs leuchten beide LEDs an beiden Transceivern grün.

Sobald Sie die Auslösetaste am Transceiver ganz durchdrücken (Stufe 2), lösen der Blitz und die Kamera aus. Die jeweils linke LED an beiden Transceivern leuchtet so lange rot, wie Sie die Taste gedrückt halten. Die jeweils rechte LED wechselt für die Dauer der Belichtung von Grün auf Rot.

Aufbau 4: Auslösung von Blitz und Kamera

Bei dieser Variante befinden sich Blitzgerät und Kamera an einer festen Position. Die Auslösung erfolgt genau wie bei Variante 2 über einen einzelnen Transceiver. Als Erweiterung zum Aufbau in Variante 2 kommen hier noch ein entfesselter Blitz – in diesem Beispiel angesteuert über einen RF-603 – zum Einsatz. Wer nicht über die bei diesem Aufbau benötigten drei Transceiver verfügt, kann als Blitzgerät auch einen YN560 III bzw. IV einsetzen und im Modus RX betreiben. Ein weiteres Blitzgerät wird auf der Kamera im Blitzschuh des RF-603 II betrieben.

Der Funkauslöser RF-603 (II) 63

Verbinden dazu Sie einen der beiden Funkauslöser und den Fernauslöser-Eingang der Kamera mit dem Auslösekabel und befestigen Sie diesen Transceiver im Blitzschuh der Kamera. Befestigen Sie im Blitzschuh des zweiten Transceivers einen Aufsteckblitz und wählen Sie am Blitz den Modus M. Befestigen Sie einen weiteren Blitz im Blitzschuh des RF-603 II auf der Kamera und wählen Sie an diesem Blitz ebenfalls den Modus M. Schalten Sie die Kamera ein und stellen Sie den Schalter bei allen Funkauslösern auf die Position TRX.

Abbildung 32: RF-603 II - Auslösung von Kamera und Blitz über Funksignal

Durch das Antippen der Auslösetaste am Transceiver (Stufe 1) wird die Kamera fokussiert. Während dieses Vorgangs leuchten beide LEDs an beiden Transceivern grün.

Sobald Sie die Auslösetaste am Transceiver ganz durchdrücken (Stufe 2), löst die Kamera aus. Die jeweils linke LED an beiden Transceivern leuchtet so lange rot, wie Sie die Taste gedrückt halten. Die jeweils rechte LED wechselt für die Dauer der Belichtung von Grün auf Rot.

Dieser Aufbau kann gegebenenfalls noch um weitere Blitze und zusätzliche Kameras erweitert werden.

Aufweckfunktion (Wake-Up)

Viele Aufsteckblitze schalten sich nach einer voreingestellten Zeit in den Energiesparmodus, wenn sie nicht benutzt werden. Damit soll die Laufzeit der Batterien verbessert werden.

Mit dem RF-603 II können Sie entfernte Blitze, die über einen RF-603-kompatiblen Empfänger verfügen, komfortabel per Funk aus dem Energiesparmodus aufwecken.

Aufbau 1: YN560 III oder YN560 IV im RX-Modus

Ein entfesselter YN560 III oder IV befindet sich über den im Blitz integrierten Funkempfänger im RX-Modus. Im Blitzschuh der Kamera befindet sich ein RF-603 II im Modus TRX. Der Blitz hat in den Energiesparmodus geschaltet. Im Display erscheinen die Buchstaben „SE" (Saving Energy) und die Bereitschaftsanzeige blinkt.

Der Funkauslöser RF-603 (II) 65

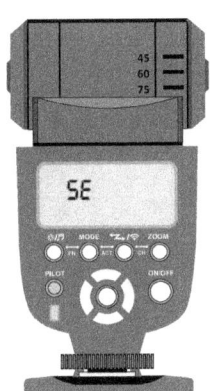

Abbildung 33: RF-603 II - Aufwecken eines YN560 III/IV im Modus RX

Durch das Antippen des Auslöseknopfs (Stufe 1) an der Kamera wird über den RF-603 II ein Signal an den Blitz gesendet, mit dem er aus dem Energiesparmodus aufgeweckt wird. Dabei leuchtet am RF-603 II die rechte LED grün und die Empfangsanzeige am Blitz blau.

Aufbau 2: Manueller Blitz mit RF-603 II am Blitzfuß

Ein manueller Aufsteckblitz eines beliebigen Herstellers wird über einen RF-603 II im Modus TRX am Blitzfuß angesteuert. Im Blitzschuh der Kamera befindet sich ein RF-603 II, ebenfalls im Modus TRX. Der Blitz hat in den Energiesparmodus geschaltet.

Abbildung 34: RF-603 II – Aufwecken eines manuellen Blitzes auf einem RF-603 II

Durch das Antippen des Auslöseknopfs (Stufe 1) an der Kamera wird vom RF-603 II auf der Kamera ein Signal an den RF-603 II am Blitz gesendet, mit dem er aus dem Energiesparmodus aufgeweckt wird. Dabei leuchtet an beiden RF-603 II jeweils die rechte LED grün

Diese Variante des AufweckensFeineinstellungen funktioniert jedoch nicht mit allen Blitzgeräten. Ein YN560 beispielsweise auf einem RF-603 II kann so nicht aufgeweckt werden. Die Original-Aufsteckblitze von Nikon oder Canon hingegen lassen sich auf diese Weise fast immer aufwecken.

Sollte sich ein Aufsteckblitz auf einem RF-603 II mit einem Aufweckversuch per Funksignal nicht wieder aktivieren lassen, dann gibt es verschiedene Alternativen:

- den Aufsteckblitz einmal aus- und wieder einschalten
- die Test- bzw. PILOT-Taste am Aufsteckblitz betätigen
- den Auslöser an der Kamera betätigen (Stufe 2). Damit bekommen alle Blitze ein Auslösesignal, was dazu führt,

Der Funkauslöser RF-603 (II) 67

dass sie entweder zünden oder der Energiesparmodus beendet wird

- den Transceiver auf der Kamera in den Modus TX schalten und den Auslöseknopf am Transceiver drücken (Stufe 2). Dies hat den gleichen Effekt wie der vorige Schritt, jedoch mit dem Unterschied, dass dabei die Kamera nicht ausgelöst wird.

Neben dem Energiesparmodus, mit dem der Blitz auf Standby geschaltet wird, gibt es bei den meisten Blitzen noch eine zweite Einstellung, die das Blitzgerät nach einer bestimmten Zeit dann vollständig abschaltet. Hier hilft dann nur noch das Wiedereinschalten des Gerätes.

Wer ganz sichergehen möchte, dass die Blitze immer bereit sind, kann natürlich vorher auch den Energiesparmodus am Blitzgerät deaktivieren.

Überblick Funkauslöser RF-602

Im Gegensatz zu den Transceivern der RF-603-Reihe besteht das ältere RF-602-Set aus zwei unterschiedlichen Geräten für Sender (RF-600TX) und Empfänger (RF-602RX). Das RF-602-Set ist wahlweise in einer Nikon- und einer Canon-Version erhältlich.

Abbildung 35: RF-602 – Der Funksender RF-600TX und der Funkempfänger RF-602RX

Der Sender ist etwas kompakter als der RF-603-Transceiver, benötigt aber durch die kleinere Bauform eine spezielle 3V Lithium-Batterie vom Typ CR2. Der Sender besitzt auch keinen eigenen Blitzschuh und erlaubt daher im Gegensatz zum RF-603 keinen gleichzeitigen Betrieb mit einem Aufsteckblitz.

Die Geräte der RF-602-Reihe sind nicht kompatibel zu den RF-603-Modellen. Wer einen RF-602-Sender besitzt und mit diesem den integrierten Funkempfänger eines YN560 III oder IV in der Einstellung RX auslösen möchte, muss den Blitz vorher in den RF-602-Modus umschalten.

Überblick Funkauslöser RF-605

Die neueste Generation der Funkauslöser RF-605 von Yongnuo ist wie die RF-603-Reihe ebenfalls in einer Canon- (RF-605C) und Nikon-Variante (RF-605N) erhältlich. Der RF-605 besitzt ein beleuchtetes Display und ist als Sender in der Lage, bis zu sechs Gruppen von Empfängern (A bis F) auszulösen[5] oder selber als Empfänger in einer der sechs Gruppen ausgelöst zu werden. Im Gegensatz zum YN560-TX können jedoch keine Einstellungen für Leistung oder Zoom übertragen werden.

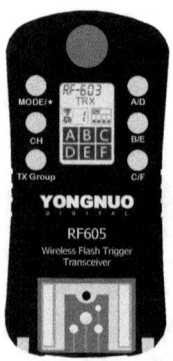

Abbildung 36: Der Funkauslöser RF-605 mit integriertem LC-Display und Gruppen

---

[5] Empfänger der Modellreihen RF-602 und RF-603 werden unabhängig von den Gruppeneinstellungen am Sender immer ausgelöst.

Weiterhin ist der RF-605, anders als die Vorgänger der RF-603-Reihe, kompatibel zum älteren RF-602-Funkprotokoll. Das mit dem RF-603 II eingeführte Drehrad zur Befestigung am Blitzschuh ist beim RF-605 ebenfalls vorhanden.

Da der einfachere RF-603 II auch weiterhin von Yongnuo produziert und vertrieben wird, muss man abwägen, ob die neuen Features des RF-605 den höheren Preis rechtfertigen oder der günstigere RF-603 II nicht doch ausreicht.

Technische Daten RF-603

Die Modelle RF-603 und RF-603 II sind von den Leistungsdaten nahezu identisch und unterscheiden sind hauptsächlich äußerlich durch das Befestigungsrad am Fuß und den unterschiedlichen Ein-/Ausschalter.

- Funkbereich 2,4 GHz mit 16 Kanälen
- Blitzsynchronzeit 1/250 (RF-603 II: 1/320)
- Reichweite bis zu 100 m
- 2-Stufen-Auslöser mit Wake-Up-Funktion
- Standard Blitzschuh (ohne TTL-Pass-Through)
- 2,5 mm Klinkenbuchse für Auslösekabel
- Ausgang für Blitzsynchronanschluss (PC-Sync-Port)
- Triggerspannung 12V (RF-603 II: 300V)
- Standby-Zeit bis zu 45 Std. (bis zu 400 Std. im TX-Modus)
- Stromversorgung durch 2 Stück AAA Alkaline-Batterien oder NiMH-Akkus
- Abmessungen RF-603 (BxHxT) 37 x 30 x 81,5 mm
- Abmessungen RF-603 II (BxHxT) 38 x 33,5 x 88 mm

Die Funksteuereinheit YN560-TX

Beschreibung und Lieferumfang

Mit der Funksteuereinheit YN560-TX können Blitzgeräte vom Typ YN560 III und IV nicht nur ausgelöst, sondern zusätzlich auch komfortabel per Funksignal in der Leistungs- und Zoomstufe eingestellt werden. Die Funkauslöser RF-602, RF-603 (II) und RF-605 lassen sich damit ebenfalls auslösen. Soweit es die Empfänger unterstützen, lassen sich die Blitze in Gruppen zusammenfassen. Im Gegensatz zum integrierten Sender des YN560 IV ist die Funksteuereinheit YN560-TX in der Lage, bis zu sechs statt nur drei Gruppen von Blitzen zu kontrollieren.

Im Jahr 2017 ist mit nur minimalen Änderungen der Nachfolger YN560-TX II erschienen. In diesem Kapitel wird ausschließlich das Modell YN560-TX beschrieben, da alle Funktionen beim Nachfolgemodell YN560-TX II identisch sind.

So wie die Funkauslöser RF-603 und RF-605 gibt es die Steuereinheit YN560-TX ebenfalls jeweils in einer Nikon- und einer Canon-Variante, auch wenn sich der YN560-TX grundsätzlich auf allen Kameras mit einem Standard-Blitzschuh verwenden lässt.

Die Steuereinheit YN560-TX ist in der Anschaffung günstiger und auch etwas einfacher zu bedienen als ein YN560 IV oder YN660. Man sollte jedoch bedenken, dass es mit dem YN560-TX keine weitere Möglichkeit gibt, direkt an der Kamera einen Blitz zu verwenden - auch nicht den eingebauten Blitz.

Im Lieferumfang des YN560-TX sind enthalten:

- Die Funksteuereinheit YN560-TX (Canon oder Nikon)
- Eine gedruckte Kurzanleitung in den Sprachen Englisch und Chinesisch

Die Bedienelemente des YN560-TX

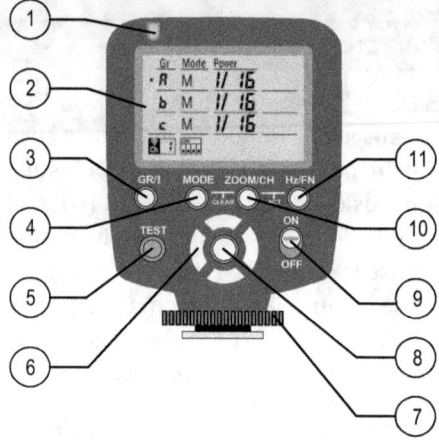

Abbildung 37: YN560-TX -Die Bedienelemente auf der Vorderseite

(1) Kontrollleuchte für Fernsteuerungssignale
(2) Bedienfeldanzeige (LCD)
(3) Gruppenauswahltaste
(4) Modus-Wahltaste
(5) Bereitschaftsanzeige und Testauslösung
(6) Auswahltasten Links/Rechts, Auf/Ab
(7) Drehrad zur Befestigung
(8) Set-Taste
(9) Ein-/Ausschalter
(10) Zoom-Taste
(11) Einstellungen für Multi-Modus / Funkprotokoll

Die Bedienfeldanzeige (LCD) des YN560-TX

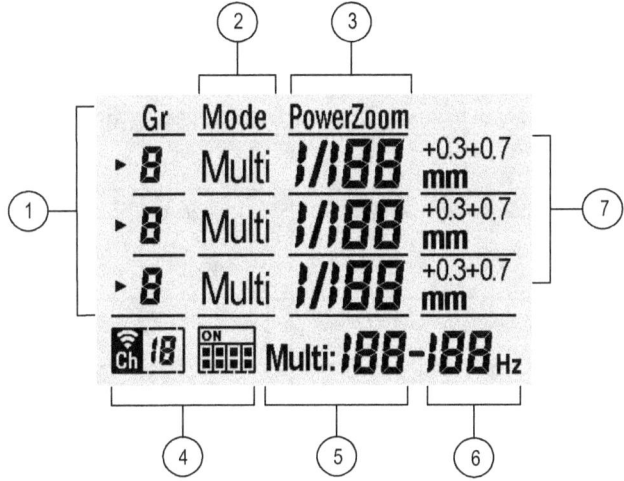

Abbildung 38: YN560-TX - Die Bereiche der Bedienfeldanzeige

(1) Gruppen (A/B/C und D/E/F)
(2) Modus (M, Multi und Off)
(3) Blitzleistung / Zoom
(4) Kanal
(5) Anzahl der Blitze im Multi-Modus
(6) Frequenz der Blitze im Multi-Modus
(7) Feineinstellung der Blitzleistung

Beleuchtung der Bedienfeldanzeige

Die Hintergrundbeleuchtung schaltet sich automatisch ein, wenn das Gerät eingeschaltet oder eine beliebige Taste am Bedienfeld gedrückt wird. Die Beleuchtung der Bedienfeldanzeige kann auch jederzeit mit der Set-Taste aktiviert werden. Nach zehn Sekunden schaltet sich die Beleuchtung automatisch wieder ab.

YN560-TX-Kompatibilität

Die Steuereinheit YN560-TX kann Geräte per Funk steuern, die kompatibel zum RF-603- oder RF-602-Funkprotokoll von Yongnuo sind. Je nach Gerät lassen sich die Empfänger entweder nur auslösen oder auch zusätzlich noch in Leistung und Zoom einstellen.

Gerät	Modus	Auslösen	Gruppieren	Einstellen
Aufsteckblitz YN560 III	RX	•	•	•
Aufsteckblitz YN560 IV	RX	•	•	•
Aufsteckblitz YN560Li	RX	•	•	•
Aufsteckblitz YN660	RX	•	•	•
Aufsteckblitz YN685	RF603	•	•	•
Aufsteckblitz YN720	Rx 603	•	•	•
Aufsteckblitz YN860Li	RX	•	•	•
Funkauslöser RF-605	TRX	•	•	
Funkauslöser RF-603	ON	•		
Funkauslöser RF-603 II	TRX	•		
Funkauslöser RF-602	ON	•		
Funkauslöser YN622 II	560-RX	•		

Tabelle 4: YN560-TX – Kompatibilitätsmatrix der Funkempfänger

Da alle Geräte das gleiche Funkprotokoll verwenden müssen, ist ein gemischter Betrieb von RF-602 und RF-603 nicht möglich.

Die Funksteuereinheit YN560-TX

Inbetriebnahme

Zur Inbetriebnahme müssen zwei AA-Batterien bzw. Akkus in die Steuereinheit eingelegt werden, Schieben Sie dazu den Batteriefachdeckel auf der rechten Seite mit einem leichten Druck auf die geriffelte Fläche zum Blitzfuß hin.

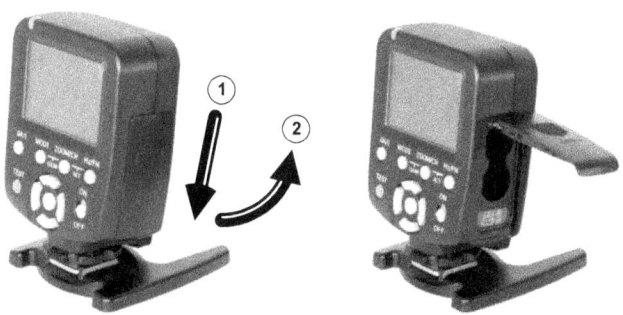

Abbildung 39: YN560-TX - Öffnen des Batteriefachs

Legen Sie die Batterien oder Akkus wie auf der Markierung im Batteriefach angegeben ein und schließen Sie das Batteriefach wieder.

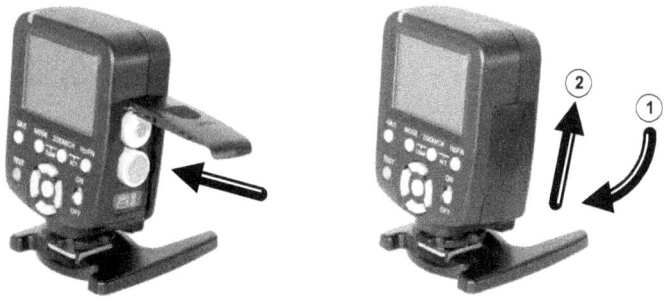

Abbildung 40: YN560-TX - Einlegen der Batterien und Schließen des Batteriefachs

Schieben Sie den Ein-/Ausschalter in die Position On um das Gerät einzuschalten. Nach dem Einschalten wird kurz der eingestellte Funkmodus (RF-603 oder RF-602) angezeigt, danach wechselt die Anzeige auf die Einstellungen der Gruppen A/B/C oder D/E/F, je nachdem welche Ebene zuletzt aktiv war.

Befestigen der Steuereinheit auf der Kamera

Zur Montage der Steuereinheit auf der Kamera lösen Sie zuerst das Befestigungsrad am Blitzfuß, indem Sie das Rad im Uhrzeigersinn drehen. Danach schieben Sie die Steuereinheit in den Blitzschuh der Kamera. Zum Schluss ziehen Sie das Befestigungsrad wieder so weit in die entgegengesetzte Richtung an, bis die Steuereinheit fest im Blitzschuh sitzt und nicht herausfallen kann.

Abbildung 41: YN560-TX - Befestigung der Steuereinheit im Blitzschuh der Kamera

Schalten Sie die Steuereinheit ein, indem Sie den Ein-/Ausschalter an der Vorderseite in die Position On schieben. Mit der TEST-Taste nun können alle verbundenen Blitzgeräte ausgelöst werden.

Zum Entfernen der Steuereinheit von der Kamera führen Sie die zuvor beschriebenen Schritte in der umgekehrten Reihenfolge durch.

Die Funksteuereinheit YN560-TX 77

Einstellen des Funkkanals

Der YN560-TX kann auf einen von 16 möglichen Funkkanälen eingestellt werden. Nur Geräte, die auf den gleichen Kanal eingestellt sind, können miteinander kommunizieren. Im Auslieferungszustand ist Kanal 1 voreingestellt. Davon sollte man nur abweichen, wenn es unbedingt erforderlich ist, um unnötige Fehlersuchen bei unterschiedlichen Kanaleinstellungen zu vermeiden. Ein Grund zur Änderung des Kanals kann beispielsweise sein, dass andere Fotografen in der Nähe ebenfalls Geräte mit dem RF-603-Funkprotokoll auf dem gleichen Kanal einsetzen und es damit zu gegenseitigen Beeinflussungen kommt.

Nach einem längeren Druck auf die Taste ZOOM/CH fängt die Kanalanzeige im Display an zu blinken. Mit den Auswahltasten Links/Rechts oder Auf/Ab kann nun der gewünschte Kanal eingestellt werden. Mit der Set-Taste werden die Änderungen gespeichert.

Wird der YN560-TX auf die Werkseinstellungen zurückgesetzt, so ist anschließend wieder Kanal 1 eingestellt.

Einstellen des Funkprotokolls

Die Steuereinheit kann auf das RF-602-kompatible Funkprotokoll eingestellt werden, um auch ältere Funkauslöser der RF-602-Reihe auslösen zu können. Um in das Einstellungsmenü zu gelangen, muss die Taste Hz/FN länger gedrückt werden.

Einstellung	Beschreibung
01 60 3	RF-603-kompatibles Funkprotokoll verwenden
01 60 2	RF-602-kompatibles Funkprotokoll verwenden

Mit den Tasten Links/Rechts wird das Protokoll ausgewählt und die Auswahl anschließend mit der Set-Taste bestätigt.

Mit der Einstellung RF-602 ist allerdings keine Kommunikation mit Geräten möglich, die das neuere Protokoll RF-603 verwenden. In diesem Fall müssen alle anderen Geräte ebenfalls auf das RF-602-Funkprotokoll umgestellt werden.

Das aktuell eingestellte Funkprotokoll wird beim Einschalten der Steuereinheit kurz im Display angezeigt.

Auswahl von Gruppen

Die Steuereinheit YN560-TX ist in der Lage, bis zu sechs Gruppen von Blitzgeräten zu bedienen. Diese Gruppen werden mit den Buchstaben A bis F bezeichnet. In jeder Gruppe können sich beliebig viele Empfänger befinden. Alle Empfänger einer Gruppe bekommen die gleichen Einstellungen für Leistung und Zoom übertragen[6].

In der Bedienfeldanzeige des YN560-TX werden drei Gruppen gleichzeitig angezeigt – A/B/C oder D/E/F. Die aktuell ausgewählte Gruppe wird mit einem kleinen Pfeil vor dem Buchstaben markiert. Die Einstellungen werden immer für die jeweils aktuell ausgewählte Gruppe vorgenommen.

Durch das Betätigen der GR-Taste kann zwischen den drei angezeigten Gruppen gewechselt werden. Sollen mehr als drei Gruppen gesteuert werden, so kann durch längeres Betätigen der GR-Taste zwischen den Gruppen A/B/C und D/E/F umgeschaltet werden.

---

[6] Ausnahme ist hier der Funkauslöser RF-605, der zwar einer Gruppe zugewiesen werden kann, aber nur das Auslösesignal übertragen bekommt.

Die Funksteuereinheit YN560-TX

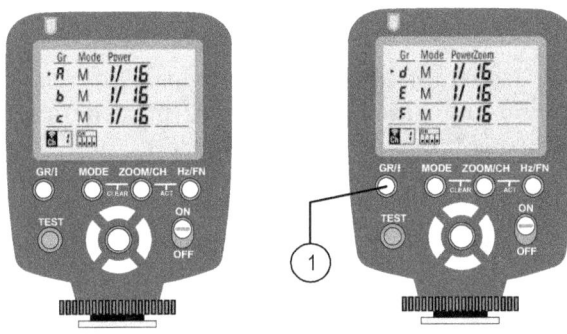

Abbildung 42: YN560TX - Umschalten zwischen den Gruppen (A/B/C) und (D/E/F)

(1) Die GR-Taste
    Gruppe wechseln: Kurze Betätigung
    Gruppenebene umschalten: Lange Betätigung

Weitere Informationen zur Steuerung von Gruppen finden Sie im Kapitel „Entfesseltes Blitzen" ab Seite 110.

Einstellung von Blitzleistung, Zoom und Modus

In der Grundeinstellung sind alle sechs Gruppen auf den Modus M, 1/16 Leistung und 24 mm Zoom eingestellt. Alle Änderungen an den Einstellungen werden sofort an die Empfänger übertragen.

Wird an einem Aufsteckblitz über das lokale Bedienfeld eine Änderung der Einstellungen vorgenommen, so bleiben diese so lange aktiv, bis entweder

- die Gruppe, in der sich der Aufsteckblitz befindet, an der Steuereinheit erneut ausgewählt wird
- die Einstellungen der Gruppe geändert werden
- an der Steuereinheit mit der TEST-Taste ein Testblitz ausgelöst wird
- oder die Steuereinheit aus- und eingeschaltet wird.

Einstellung der Blitzleistung

Die Blitzleistung der gerade ausgewählten Gruppe wird mit den Tasten Links/Rechts in ganzen Schritten und mit den Tasten Auf/Ab in Zwischenschritten (0.3 und 0.7) geändert.

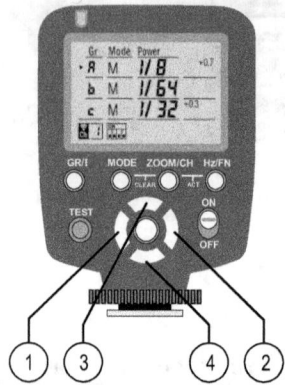

Abbildung 43: YN560-TX - Einstellung der Blitzleistung

(1) Links - Leistung verringern
(2) Rechts - Leistung erhöhen
(3) Auf - Leistung um Zwischenschritt erhöhen
(4) Ab - Leistung um Zwischenschritt verringern

Einstellung des Zoomwertes

Mit der Taste ZOOM/CH wird die Steuereinheit in den Zoom-Modus geschaltet. In diesem Modus kann mit den Tasten Links/Rechts und Auf/Ab der Zoomwert für die gerade ausgewählte Gruppe geändert werden.

Die Funksteuereinheit YN560-TX

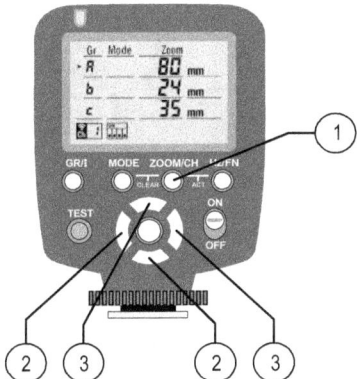

Abbildung 44: YN560-TX – Einstellung des Zoomwertes

(1) ZOOM/CH-Taste
(2) Verringern des Zoomwertes
(3) Erhöhen des Zoomwertes

Durch das erneute Betätigen der Taste ZOOM/CH wird wieder zurück zur Leistungseinstellung gewechselt.

Der Multi-Modus

Die Steuereinheit YN560-TX ist auch in der Lage, eine Gruppe von Blitzen im Multi- bzw. Stroboskopmodus anzusteuern. Dazu wählen Sie die jeweilige Gruppe aus und drücken die MODE-Taste so oft, bis in der Spalte Mode das Wort Multi erscheint. Dann aktivieren Sie mit der Taste Hz/FN in den Eingabemodus für die Blitzfrequenz. Nachdem Sie mit den Tasten Links/Rechts oder Auf/Ab die Frequenz eingestellt haben, können Sie durch ein erneutes Betätigen der Hz/FN-Taste in den Eingabemodus für die Blitzanzahl schalten oder mit der Set-Taste den Eingabemodus verlassen. Die Anzahl der Blitze wählen Sie ebenfalls über die Tasten Links/Rechts oder Auf/Ab aus. Ein Wert von - - bedeutet, dass die Blitze mit der angegebenen Frequenz unendlich oft, also über die gesamte Belichtungszeit gezündet werden.

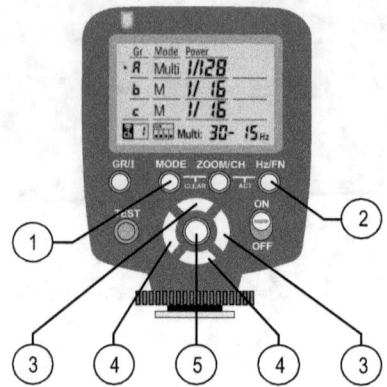

Abbildung 45: YN560-TX: Einstellungen im Multi-Modus

(1) Modus-Auswahltaste (M, Multi, - -)
(2) Eingabemodus für Blitzanzahl und -Frequenz aktivieren
(3) Anzahl bzw. Frequenz erhöhen
(4) Anzahl bzw. Frequenz verringern
(5) Set-Taste

Weitere Informationen zum Multi-Modus finden Sie im Abschnitt „Der Multi-Modus" auf Seite 35.

Eine Gruppe deaktivieren

Soll eine Gruppe von Blitzgeräten vorübergehend deaktiviert werden, so müssen die Geräte dieser Gruppen nicht einzeln ausgeschaltet werden. Stattdessen wird mit der MODE-Taste der Modus für die jeweilige Gruppe so lange durchgeschaltet, bis im Abschnitt Power anstelle der Blitzleistung zwei Striche (- -) erscheinen. Um die Blitze wieder zu aktivieren betätigen Sie die MODE-Taste, bis für die betreffende Gruppe wieder der Modus M ausgewählt ist.

Aktivierung der Gruppenfunktion am YN560 III

Um einen Aufsteckblitz YN560 III einer Gruppe zuweisen zu können, muss am Blitzgerät zuerst eine Aktivierung der Gruppenfunktion durchgeführt werden.

Die aktuell eingestellte Gruppe wird im Display im Modus RX unter dem Funkkanal (Ch) angezeigt. Im Auslieferungszustand ist beim YN560 III der Gruppen-Anzeigebereich im Display jedoch nicht vorhanden. Daran erkennen Sie, ob bei diesem Gerät eine Aktivierung der Gruppenfunktion erforderlich ist.

Abbildung 46: YN560 - Fehlende Gruppen-Anzeige beim YN560 III im Modus RX

Stellen Sie vor der Aktivierung sicher, dass beide Geräte auf den gleichen Funkkanal eingestellt sind und sich der YN560 III im Modus RX befindet.

Drücken Sie zum Verbinden der Geräte an der Steuereinheit YN560-TX gleichzeitig die Tasten ZOOM/CH und Hz/FN. Im Display erscheint für einige Sekunden die Meldung Act.

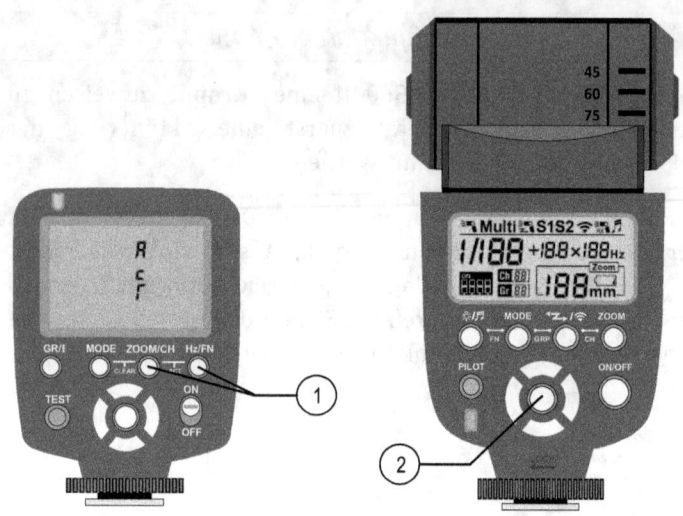

Abbildung 47: YN560-TX – Aktivierung eines YN560 III durch einen YN560-TX

(1) Funktion ACT über die Tasten ZOOM/CH + Hz/FN
(2) Set-Taste

Während dieser Zeit leuchtet am YN560 III die Kontrollleuchte für Fernsteuerungssignale blau und im Display werden alle Symbole gleichzeitig angezeigt. Drücken Sie jetzt am Blitzgerät die Set-Taste, um die Gruppenfunktion zu aktivieren. Nach diesem Vorgang lässt sich der YN560 III einer Gruppe zuweisen.

Die Gruppenfunktion am YN560 III bleibt dauerhaft aktiviert, auch wenn der Blitz ausgeschaltet oder die Batterien entnommen werden. Sollte aus irgendwelchen Gründen die Möglichkeit zur Auswahl der Gruppe nicht mehr gegeben sein, so führen Sie die Aktivierung erneut durch.

Aufweckfunktion (Wake-Up)

Viele Aufsteckblitze schalten sich nach einer voreingestellten Zeit in den Energiesparmodus, wenn sie nicht benutzt werden. Damit soll die Laufzeit der Batterien verbessert werden.

Mit dem YN560-TX können Sie entfernte Blitze, die sich im Energiesparmodus befinden, komfortabel per Funk aufwecken.

Aufbau 1: YN560 III oder YN560 IV im RX-Modus

Ein entfesselter YN560 III oder IV befindet sich über den im Blitz integrierten Funkempfänger im RX-Modus. Im Blitzschuh der Kamera befindet sich ein YN560-TX. Der Blitz hat in den Energiesparmodus geschaltet. Im Display erscheinen die Buchstaben „SE" (Saving Energy) und die Bereitschaftsanzeige blinkt.

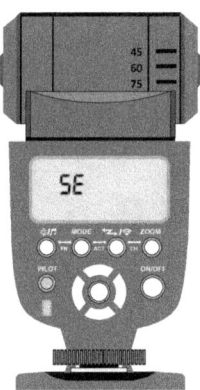

Abbildung 48: YN560-TX - Aufwecken eines YN560 III/IV im Modus RX

Durch das Antippen des Auslöseknopfs (Stufe 1) an der Kamera wird über den YN560-TX ein Signal an den Blitz gesendet, mit dem er aus dem Energiesparmodus aufgeweckt wird. Dabei leuchtet am YN560-TX die LED für Fernsteuerungssignale grün und die Empfangsanzeige am Blitz blau.

Aufbau 2: Manueller Blitz mit RF-603 II

Ein manueller Aufsteckblitz eines beliebigen Herstellers wird über einen RF-603 II im Modus TRX am Blitzfuß angesteuert. Im Blitzschuh der Kamera befindet sich ein YN560-TX. Der Blitz hat in den Energiesparmodus geschaltet.

Abbildung 49: YN560-TX - Aufwecken eines manuellen Blitzes auf einem RF-603 II

Durch das Antippen des Auslöseknopfs (Stufe 1) an der Kamera wird vom YN560-TX ein Signal an den RF-603 II am Blitz gesendet, mit dem er aus dem Energiesparmodus aufgeweckt wird. Dabei leuchten die Fernsteuerungs-LED am YN560-TX und die rechte LED am RF-603 II grün.

Weitere Informationen zum Aufwecken von Blitzgeräten auf einem RF-603 II Funkauslöser finden Sie ab Seite 65.

Der YN560-TX als Fernauslöser für die Kamera

Nicht auf den ersten Blick ersichtlich ist die Tatsache, dass der YN560-TX nicht nur ein Sender, sondern auch ein Empfänger ist. Verbindet man den YN560-TX mit dem Fernauslöser-Eingang der Kamera, so kann der YN560-TX die Kamera auslösen, wenn man ihn mit einem Funkfernauslöser RF-603 II im Modus TRX ansteuert. Hierfür kann das mit dem Funkauslöser RF-603 mitgelieferte Kabel verwendet werden.

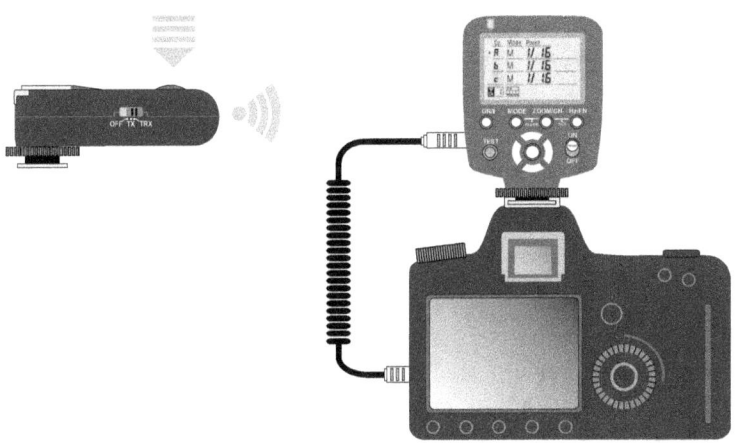

Abbildung 50: YN560-TX - Auslösung der Kamera mit einem RF-603 über Funksignal

Bei der Fernauslösung durch den RF-603 werden über den 560-TX nicht nur die Kamera, sondern auch alle anderen Funkempfänger mit den vorgegebenen Einstellungen ausgelöst.

Rücksetzen auf Werkseinstellungen

Um die Einstellungen des YN560-TX wieder auf die Werkseinstellungen zurückzusetzen drücken Sie die Tasten MODE und ZOOM/CH gleichzeitig.

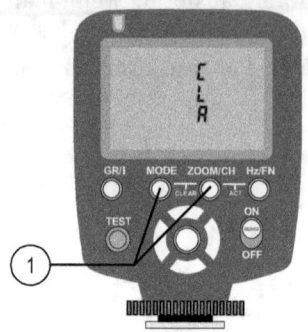

Abbildung 51: YN560-TX - Zurücksetzen der Einstellungen

(1) Clear – Tastenkombination MODE + ZOOM/CH

Im Display erscheint kurzzeitig die Meldung CLR, anschließend befindet sich der YN560-TX wieder im Auslieferungszustand mit 1/16 Leistung und 24 mm Zoom für jede Gruppe sowie dem Protokoll RF-603 auf dem Funkkanal 1.

Technische Daten

Das Modell YN560-TX II unterscheidet sich nur in wenigen Punkten vom Vorgängermodell YN560-TX. Der YN560-TX II hat eine schlankere Bauform, einen Schnellverschluss am Blitzfuß und ein leicht geändertes Display, das nun auch über eine Batteriezustandsanzeige verfügt. Vom Funktionsumfang bei der Blitzsteuerung sind beide Modelle identisch.

- Funkbereich 2,4 GHz mit 16 Kanälen
- Reichweite bis zu 100 m
- Blitzmodus M und Multi

- Zoom-Bereich von 24 mm bis 105 mm
- Steuerung von bis zu sechs Gruppen (A bis F)
- 2,5 mm Klinkenbuchse für Auslösekabel
- Betriebszeit bis zu 120 Stunden
- Stromversorgung durch 2 Stück AA Alkaline-Batterien oder NiMH-Akkus
- Abmessungen YN560-TX (BxHxT) 70 x 97,5 x 43 mm
- Abmessungen YN560-TX II (BxHxT) 65,5 x 89 x 42 mm

Die Blitzsynchronzeit (X-Sync-Zeit)

Unterhalb einer bestimmten Belichtungszeit ist es nicht mehr möglich, das gesamte Bild mit einem manuellen Blitz gleichmäßig auszuleuchten. Diese Zeit wird als Blitzsynchronzeit oder auch X-Sync-Zeit bezeichnet. Sobald die Belichtungszeit kürzer als die Blitzsynchronzeit ist, werden Teile des Bildes abgedunkelt. Die Blitzsynchronzeit liegt bei vielen Kameras bei 1/250 bis 1/160 Sekunden. Das ist die Zeit, in der der Verschluss der Kamera vollständig geöffnet ist und das Licht den gesamten Sensor erreichen kann.

Mit einem manuellen Aufsteckblitz ist es zwar möglich, an der Kamera kürzere Belichtungszeiten als die Blitzsynchronzeit zu wählen, jedoch mit dem Ergebnis, dass auf dem Foto anschließend ein dunkler Balken zu sehen ist. Das folgende Beispiel zeigt eine Aufnahme mit einer Belichtungszeit von 1/500 Sekunden:

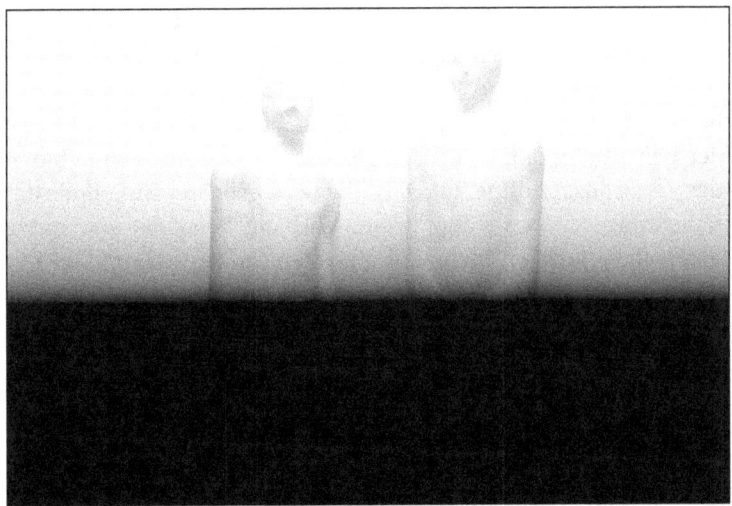

Abbildung 52: Fehlerhafte Belichtung durch Unterschreiten der Blitzsynchronzeit

[Einstellungen: 1/500 bei f/16.0 - ISO 100 – 50 mm – mit Blitz M 1/64]

Je weiter die Blitzsynchronzeit unterschritten wird, desto größer ist der schwarze Anteil im Bild. So ist bei einer Belichtungszeit von 1/4000 Sekunden nahezu die gesamte Aufnahme abgedunkelt.

Um das Thema Blitzsynchronzeit und die damit verbundenen Grenzen bei der Verwendung von manuellen Blitzen verstehen zu können, muss man wissen, wie der Verschluss der Kamera funktioniert.

Erster und zweiter Verschlussvorhang

Der Verschluss ist die Vorrichtung in der Kamera, die dafür sorgt, dass während der Auslösung für eine bestimmte Zeit Licht an den Sensor gelangt. Ein Schlitzverschluss besteht aus zwei getrennten Vorhängen. Der erste Vorhang befindet sich im Ruhezustand vor dem Sensor und verhindert, dass Licht an den Sensor gelangt. Der zweite Vorhang befindet sich zu diesem Zeitpunkt unterhalb des Sensors in einer Parkposition.

Mit dem Auslösen der Kamera wird der Verschluss geöffnet. Dabei wird der erste Verschlussvorhang nach oben hochgezogen und legt damit den Sensor frei. Schon beim Öffnen des Vorhangs fällt bereits Licht durch das Objektiv auf den Sensor. Das ist der Beginn der Belichtungszeit. Je nach eingestellter Belichtungsdauer bleibt der Verschluss geöffnet und das Bild wird belichtet. Zum Ende der Belichtungszeit wird der zweite Vorhang ebenfalls von unten nach oben nachgezogen und der Verschluss dadurch wieder geschlossen. Der Belichtungsvorgang ist beendet, wenn der Sensor durch den zweiten Vorhang vollständig verdeckt ist.

Dadurch, dass sich die beiden Verschlussvorhänge beim Öffnen und Schließen in die gleiche Richtung bewegen, bekommt jeder Teil der Sensorfläche die gleiche Menge Licht ab.

Die folgende Darstellung zeigt vereinfacht die Abfolge der beiden Verschlussvorhänge beim Öffnen und Schließen:

Die Blitzsynchronzeit (X-Sync-Zeit) 93

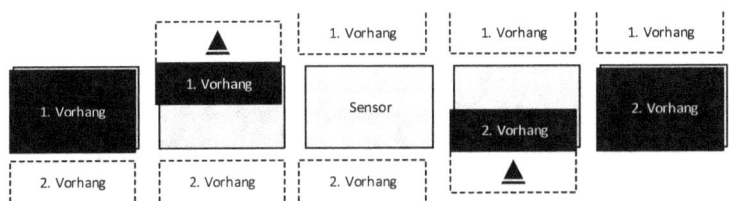

Abbildung 53: Öffnen und Schließen der beiden Verschlussvorhänge

Nachdem der zweite Verschlussvorhang geschlossen und die Belichtung beendet ist, werden beide Verschlussvorhänge wieder zurück in die Ausgangsposition gebracht und sind damit bereit für die nächste Auslösung

Synchronisation auf den zweiten Verschlussvorhang

Normalerweise wird der Blitz genau dann gezündet, wenn der erste Vorhang vollständig geöffnet ist. Man spricht dabei von der Synchronisation auf den ersten Verschlussvorhang.

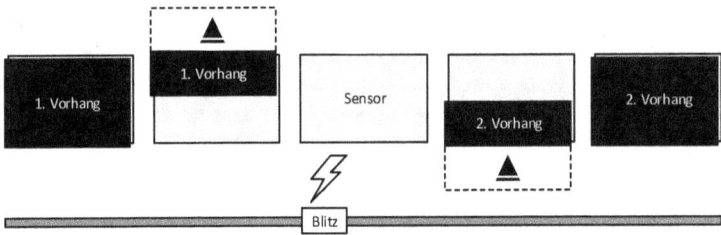

Abbildung 54: Synchronisation auf den ersten Verschlussvorhang (Ablauf)

Wenn die Belichtungsdauer länger als Abbrenndauer des Blitzes ist, wird die Aufnahme nur am Anfang der Belichtung durch den Blitz ausgeleuchtet. Die restliche Zeit bis zum Schließen des zweiten Vorhangs wird das vorhandene Licht genutzt.

Damit wird ein sich bewegendes Motiv bereits zum Beginn der Belichtung durch den Blitz eingefroren und der weitere Bewegungsverlauf in der Aufnahme durch das vorhandene Umgebungslicht erzeugt. Das kann unter Umständen ungewollte Effekte haben, wie die folgende Aufnahme zeigt.

Durch den Verlauf der Lichtreflektionen wird der Eindruck erweckt, das Fahrzeug würde sich rückwärts bewegen.

Abbildung 55: Synchronisation auf den ersten Verschlussvorhang (Praxisbeispiel)

[Einstellungen: 0,3" bei f/8.0 - ISO 100 – 50 mm – mit Blitz 1/64 auf 1. Vorhang]

Bei einigen Kameras lässt sich der Blitz wahlweise auch auf den zweiten Verschlussvorhang synchronisieren. Diese Art der Auslösung wird auch als Rear-Curtain-Sync bezeichnet. Damit wird der Blitz erst am Ende der Belichtungszeit kurz vor dem Schließen des zweiten Vorhangs gezündet.

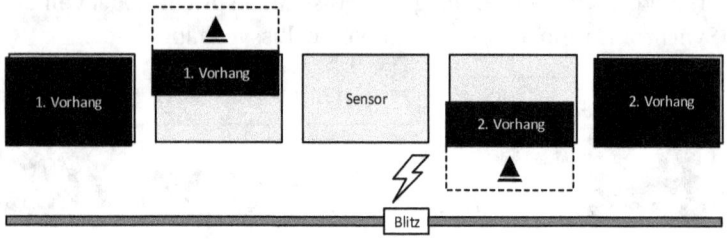

Abbildung 56: Synchronisation auf den zweiten Verschlussvorhang (Ablauf)

Bewegte Motive werden auf diese Weise erst am Ende der Belichtungszeit durch den Blitz eingefroren. Der natürliche Verlauf des Motivs wird vor dem Auslösen des Blitzes durch das vorhandene Umgebungslicht erzeugt.

Die Blitzsynchronzeit (X-Sync-Zeit)

Abbildung 57: Synchronisation auf den zweiten Verschlussvorhang (Praxisbeispiel)

[Einstellungen: 0,3" bei f/8.0 - ISO 100 – 50 mm – mit Blitz 1/64 auf 2. Vorhang]

Grundsätzlich ist der YN560 ohne weitere Einstellungen in der Lage, auch auf den zweiten Verschlussvorhang auszulösen, da er einfach nur auf den Zündimpuls der Kamera auf dem Mittenkontakt reagiert. Allerdings verweigern manche Kameras (z.B. die von Canon) diese Einstellung bei manuellen Blitzen. Ob die eigene Kamera dies unterstützt, muss man gegebenenfalls durch Ausprobieren herausfinden.

Belichtung innerhalb der Blitzsynchronzeit

Bei der Verwendung eines manuellen Blitzes darf die im Handbuch der Kamera angegebene Blitzsynchronzeit bei der Wahl der Belichtungszeit nicht unterschritten werden.

Das genaue Zusammenspiel zwischen den Verschlussvorhängen, dem Sensor und dem Blitz bei einer Belichtungszeit von 1/200 wird in der folgenden Zeichnung dargestellt:

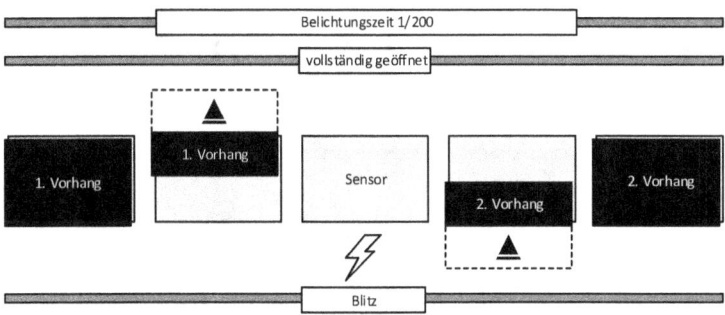

Abbildung 58: Verschlussfolge und Blitzzeitpunkt innerhalb der Blitzsynchronzeit

Die Blitzsynchronzeit ist die minimale Belichtungszeit, innerhalb der der Sensor weder vom ersten noch vom zweiten Verschlussvorhang verdeckt wird. Beim Zünden des Blitzes fällt das Licht auf die gesamte Sensorfläche.

Beim Einsatz von Funkauslösern kann es unter Umständen dazu kommen, dass an der unteren Grenze zur Blitzsynchronzeit fehlerhafte Belichtungen durch minimale Verzögerungen des Funksignals auftreten. Hier muss entweder die Belichtungszeit etwas erhöht werden oder von Funk auf ein optisches Auslöseverfahren (Slave-Modus S1/S2) gewechselt werden.

Belichtung unterhalb der Blitzsynchronzeit

Bei Belichtungszeiten, die kürzer als die Blitzsynchronzeit sind, beginnt der zweite Vorhang schon mit dem Schließvorgang, noch bevor der erste Vorhang vollständig geöffnet ist. Der Verschluss ist dann zu keiner Zeit ganz geöffnet, der Sensor wird von beiden Vorhängen zum Teil verdeckt. Das Licht gelangt nur über einen durchlaufenden Schlitz auf den Sensor.

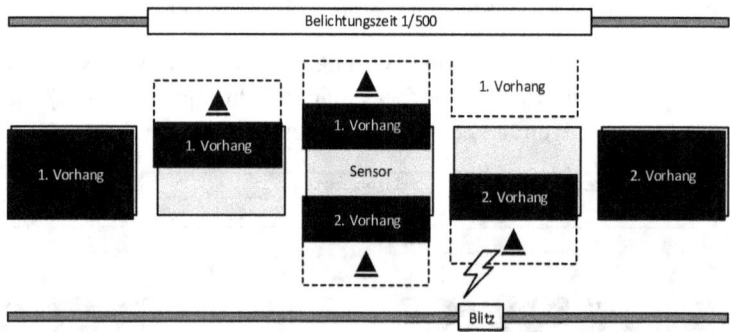

Abbildung 59: Verschlussfolge und Blitzzeitpunkt außerhalb der Blitzsynchronzeit

Bei der Zündung des Blitzes synchron zur Öffnung des ersten Verschlussvorhangs befindet sich der zweite Vorhang in diesem Fall schon auf dem Weg nach oben und verdeckt so einen Teil des Sensors. Das führt dazu, dass auf den Aufnahmen im unteren Bereich ein schwarzer Balken so wie in der Abbildung auf Seite 91 zu sehen ist. Eine korrekt belichtete Aufnahme unterhalb der Blitzsynchronzeit ist daher mit einem manuellen Blitz der YN560-Reihe technisch nicht möglich.

Um auch bei sehr kurzen Belichtungszeiten unterhalb der Blitzsynchronzeit einen Blitz einsetzen zu können, müssen die Kamera und das Blitzgerät HSS (High Speed Sync) beherrschen, so wie beispielsweise die TTL-fähigen Modelle YN568 EX oder YN685 von Yongnuo.

Die Verwendung von Graufiltern

Möchte man bei Aufnahmen gegen das Sonnenlicht zusätzlich noch einen Aufhellblitz verwenden, darf dabei natürlich die Blitzsynchronzeit nicht unterschritten werden. Das ist gerade bei Außenaufnahmen mit Sonnenlicht nicht immer einfach. Wenn der ISO-Wert schon auf das Minimum heruntergeregelt ist, bleibt in den meisten Fällen nur noch die Wahl einer möglichst kleinen Blende von f/16 oder f/22, um eine Überbelichtung zu vermeiden.

Die geschlossene Blende hat dann allerdings zur Folge, dass die Aufnahme eine hohe Schärfentiefe hat, also durchgängig scharf ist, was nicht immer gewünscht ist. Soll das Motiv mit einer offenen Blende wie beispielsweise f/2.8 durch einen unscharfen Hintergrund freigestellt werden, so kann man zu diesem Zweck einen Graufilter (auch Neutraldichtefilter oder ND-Filter genannt) einsetzen. Die meisten Graufilter gibt es zum Aufschrauben auf das Objektiv.

Ein Graufilter reduziert den Lichteinfall, so dass auch mit weit geöffneten Blenden längere Belichtungszeiten erreicht werden können. Der Faktor, um den sich die Belichtungszeit verlängert, ist auf dem Filter angegeben. Die gängigsten Faktoren für Graufilter sind 8x (ND 0,9), 64x (ND 1,8) und 1000x (ND 3.0).

Die Verlängerung der Belichtungszeiten durch Graufilter kann sich aber auch nachteilig auswirken. Falls sich das Motiv bewegt, wird die längere Belichtungszeit immer zu Bewegungsunschärfe führen. Auch kann es mit einem Graufilter schwieriger werden, den Autofokus zu verwenden, da der Filter wie eine dunkle Sonnenbrille vor dem Objektiv wirkt.

Die nachfolgende Tabelle zeigt, wie mit den gängigen ND 0,9 (8x) und ND 1,8 (64x) Filtern Belichtungszeiten von bis zu 1/8.000 auf Zeiten oberhalb der Blitzsynchronzeit verlängert werden können.

Belichtungszeiten mit Graufiltern (in Sekunden)		
ohne Filter	mit ND 0,9 (8x)	mit ND 1,8 (64x)
1/8000	-	1/120
1/4000	-	1/60
1/2000	-	1/30
1/1000	1/125	1/15
1/500	1/60	1/8
1/250	1/30	1/4

Tabelle 5: Verlängerung von Belichtungszeiten mit Graufiltern

Wäre in einer sehr hellen Umgebung bei einer Blende von f/2.8 beispielsweise eine Belichtungszeit von 1/4000 erforderlich, so kann diese Zeit mit einem ND 1,8 (64x) Filter auf 1/60 verlängert werden. Bei einer Belichtungszeit von 1/1000 reicht bereits ein ND 0,9 (8x) Filter aus, um die Zeit auf 1/125 anzuheben. Beide Zeiten befinden sich damit innerhalb der Blitzsynchronzeit.

Bewegungsunschärfe innerhalb der Blitzsynchronzeit

Um schnelle Bewegungen ohne Bewegungsunschärfe aufnehmen zu können, sind sehr kurze Belichtungszeiten erforderlich. Bei manuellen Blitzen ist jedoch die Blitzsynchronzeit die unterste Grenze der Belichtungszeit.

Welche Bewegungen innerhalb der Blitzsynchronzeit entstehen können, ist am Beispiel eines sich drehenden Lüfters sehr deutlich zu sehen. Die rotierenden Flügel sind bei der Belichtungszeit von 1/200 ohne Blitz durch die Bewegungsunschärfe völlig verschwommen.

Die Blitzsynchronzeit (X-Sync-Zeit)

Abbildung 60: Bewegungsunschärfe bei 1/200 Belichtungszeit

[Einstellungen: 1/200 bei f/4.0 - ISO 1600 – 50 mm - ohne Blitz]

Einfrieren von schnellen Bewegungen

Aber selbst angesichts der Einschränkung, dass ein manueller Blitz innerhalb der Blitzsynchronzeit betrieben werden muss, lassen sich unter bestimmten Bedingungen mit einem kleinen Trick schnelle Bewegungen einfrieren. Dazu kann man sich eine Eigenschaft von manuellen Blitzen zunutze machen. Denn bei geringerer Blitzleistung wie 1/64 oder 1/128 wird der Blitz nicht etwa dunkler, sondern nur die Abbrenndauer verkürzt. Weitergehende Informationen über die Blitzdauer im Verhältnis zur Leistung finden Sie im Anhang auf Seite 161.

Ist der Blitz die einzige relevante Lichtquelle, dann wird das Bild nur für die Abbrenndauer des Blitzes belichtet. Das gilt unabhängig davon, wie lange der Verschluss tatsächlich geöffnet ist. Je geringer die gewählte Blitzleistung, desto kürzer ist auch die Abbrennzeit. Mit einer Blitzleistung von 1/32 lassen sich schon Bewegungen einfrieren, selbst wenn der Verschluss weiterhin 1/200 geöffnet bleibt. Reicht die Blitzleistung eines einzelnen Blitzes nicht mehr aus, um die Aufnahme vollständig auszuleuchten, dann können auch mehrere Blitze gleichzeitig eingesetzt werden. Dabei muss bei allen Blitzen ebenfalls die gleiche Leistung eingestellt werden, um die gleiche Abbrenndauer zu erzielen.

Bei extrem schnellen Bewegungen kann die Abbrenndauer aber selbst bei einer minimalen Leistung von 1/128 im Modus M noch immer zu lang sein, so wie das folgende Beispiel eines sich mit ca. 2.000 U/min drehenden Lüfters zeigt.

Abbildung 61: Bewegungsunschärfe bei minimaler Blitzleistung

[Einstellungen: 1/200 bei f/4.0 - ISO 100 – 50 mm - mit Blitz M 1/128]

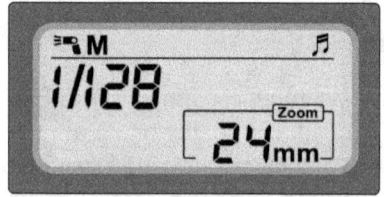

Abbildung 62: YN560 - Minimale Leistung im manuellen Modus

In solchen Fällen kann die Abbrenndauer des Blitzes durch den Multi-Modus noch weiter verkürzt werden. Bei der folgenden

Die Blitzsynchronzeit (X-Sync-Zeit) 101

Aufnahme wurde die rotierende Bewegung des Lüfters bei einer Belichtungsdauer von 1/200 durch eine sehr kurze Abbrenndauer des Blitzes im Multi-Modus eingefroren.

Abbildung 63: Eingefrorene Bewegung bei 1/200 Belichtungszeit im Multi-Modus

[Einstellungen: 1/200 bei f/4.0 - ISO 100 – 50 mm - mit Blitz Multi 1/128 1x25Hz]

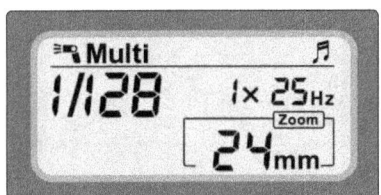

Abbildung 64: YN560 - Multi-Modus zur Verkürzung der Abbrenndauer

Auf diese Weise sind mit dem manuellen YN560 auch Aufnahmen von sich schnell bewegenden Motiven ohne Bewegungsunschärfe möglich. Aufnahmen, die sonst nur den teureren Blitzgeräten mit HSS (High-Speed-Sync) vorbehalten sind.

Entfesseltes Blitzen

Der in der Kamera eingebaute Blitz ist äußerst praktisch. Man hat ihn immer mit dabei, er ist auf Knopfdruck einsatzbereit und er wird durch den Akku der Kamera mit Strom versorgt. Der integrierte Blitz hat aber auch Nachteile, denn durch die direkte frontale Ausleuchtung auf der Achse der Kamera und der daraus resultierenden Art der Schatten erscheint das Motiv auf dem Foto sehr flach. Man verwendet dafür auch häufig den Begriff „plattgeblitzt".

Um perspektivische Schatten oder einen Lichtverlauf auf dem Motiv zu erzeugen und damit Konturen hervorzuheben, sollte das Licht nach Möglichkeit nicht direkt aus der Richtung der Kamera kommen. Das lässt sich am besten erreichen, wenn statt des eingebauten Blitzes oder eines Aufsteckblitzes im Blitzschuh der der Kamera ein abgesetzter Blitz verwendet wird, der durch die Kamera ausgelöst wird.

Wenn ein Aufsteckblitz nicht im Blitzschuh der Kamera, sondern losgelöst von der Kamera betrieben wird, dann spricht man vom entfesselten Blitzen. Hierfür wird im einfachsten Fall nur ein einziger Blitz verwendet (One Light Setup) oder auch mehrere Blitze gleichzeitig, die unterschiedlich angeordnet werden. Mit mehreren Blitzen aus verschiedenen Richtungen lassen sich interessante Lichteffekte erzielen. Einige Beispiele dazu finden Sie im Kapitel „Lichtsetzung und Ausleuchtung" ab Seite 141.

Die technisch einfachste Form des entfesselten Blitzens ist das Verbinden von Kamera und Blitzgerät mit einem speziellen Kabel über die PC-Sync-Schnittstelle[7]. Das funktioniert natürlich auch mit den Aufsteckblitzen der YN560-Reihe, denn alle diese Modelle besitzen einen PC-Sync-Eingang, der über ein entsprechendes Kabel mit dem PC-Sync-Ausgang der Kamera verbunden werden

---

[7] Die Bezeichnung PC-Sync hat nichts mit einem Personal-Computer (PC) zu tun, sondern ist die Kurzbezeichnung für Prontor-Compur-Synchronanschluss.

kann. In der Praxis wird die PC-Sync-Schnittstelle jedoch hauptsächlich nur bei großen Studioblitzen verwendet, die keinen Standard-Blitzfuß besitzen.

Wesentlich komfortabler und flexibler als ein Aufbau mit Kabeln ist die drahtlose Auslösung von entfesselten Blitzen. Bei den Geräten der YN560-Reihe ist das entweder optisch über eine Fotozelle oder ab dem YN560 III auch zusätzlich über ein Funksignal im 2,4GHz-Bereich möglich. Die älteren Modelle YN560 I und II sowie die meisten Blitzgeräte anderer Hersteller lassen sich mit Funkauslösern wie dem RF-603 ebenfalls funktauglich machen. Doch nicht nur Aufsteckblitze lassen sich mit dem RF-603 per Funk auslösen. Dadurch, dass der PC-Sync-Anschluss beim RF-603 als Ausgang ausgelegt ist, lassen sich darüber auch größere Studioblitze mit PC-Sync-Eingang anschließen und auf diese Weise problemlos mit in das funkgesteuerte Licht-Setup einbinden.

Mit der Trennung von Kamera und Blitz eröffnen sich dem Fotografen viele Freiheiten und kreative Möglichkeiten bei der Gestaltung des Lichts. Denn der entfesselte Blitz kann nahezu beliebig in Position und Richtung zum Motiv platziert werden – und bei entsprechendem Geldbeutel auch in beliebiger Anzahl.

Andere Bildwirkungen durch entfesseltes Blitzen

Für das folgende Bild wurde der eingebaute Blitz der Kamera verwendet. Das Blitzlicht liegt dabei auf der Achse des Objektivs.

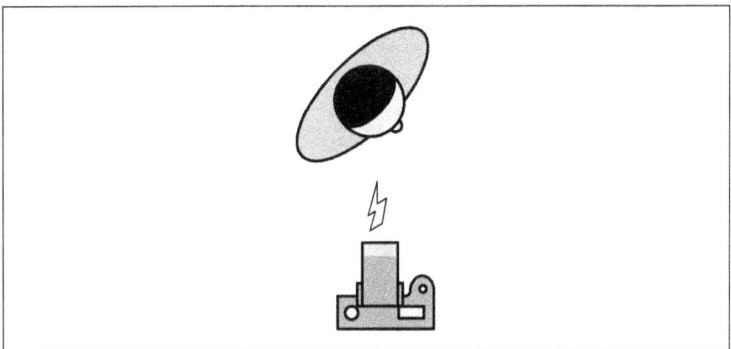

Abbildung 65: Frontaler Blitz aus Richtung der Kamera (Prinzipdarstellung)

Abbildung 66: Frontaler Blitz aus Richtung der Kamera (Praxisbeispiel)

[Einstellungen: 1/200 bei f/11.0 - ISO 100 – 35 mm – mit eingebautem Blitz]

Die Aufnahme ist zwar korrekt belichtet, wirkt aber flach und perspektivlos.

Das gleiche Motiv wurde anschließend noch einmal zum Vergleich mit einem entfesselten Blitz fotografiert. Dazu wurde der Aufsteckblitz in einem Winkel von 120° zur Kamera abgesetzt positioniert und über einen Funkauslöser RF-603 ausgelöst.

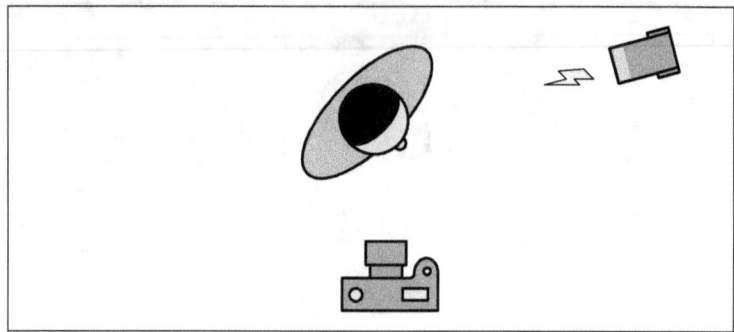

Abbildung 67: Entfesselter Blitz von schräg rechts (Prinzipdarstellung)

Abbildung 68: Entfesselter Blitz von schräg rechts (Praxisbeispiel)

[Einstellungen: 1/200 bei f/11.0 - ISO 100 – 35 mm – RF-603 und Blitz RX 1/32]

Das Motiv wirkt nun plastischer und der Verlauf der Schatten gibt dem Bild mehr Räumlichkeit.

Master/Slave-Betrieb

Beim Auslösen von entfesselten Blitzen arbeitet ein Gerät immer als Master, alle anderen Blitze werden als Slave bezeichnet und durch den Master ausgelöst. Das Auslösen der Slave-Blitze kann entweder über ein Funksignal oder in den Modi S1/S2 optisch erfolgen.

In den Modi S1/S2 muss der Master immer ein Blitzgerät sein, da der Master mit seinem Blitzlicht die anderen Blitze auslöst. Beim entfesselten Blitzen über Funk hingegen kann auch ein Funkauslöser wie der RF-603 als Master verwendet werden.

Slave-Blitze mit integriertem Funkempfänger (ab dem YN560 III) lassen sich darüber hinaus entweder über die Funksteuereinheit YN560-TX oder über ein Blitzgerät mit integrierter Sendeeinheit (YN560 IV oder YN660) auch noch in Leistung und Zoom-Faktor einstellen.

Die Funkprotokolle RF-602 und RF-603

Yongnuo bietet zwei verschiedene Funkprotokolle in seinen Produkten an: das aktuelle RF-603-Protokoll, sowie das ältere RF-602-Protokoll. Da diese beiden Protokolle nicht miteinander kompatibel sind, muss man sich im Master/Slave-Betrieb für eines der beiden Protokolle entscheiden. Im Gegensatz zu vielen anderen Geräten von Yongnuo, bei denen man zwischen den beiden Funkprotokollen wählen kann, beherrscht der ältere Funkauslöser RF-602 ausschließlich das RF-602-Funkprotokoll.

Wenn Sie einen älteren RF-602 Funkauslöser verwenden, müssen für den Master/Slave-Betrieb alle Empfänger ebenfalls auf das RF-602-Protokoll eingestellt werden. In allen anderen Fällen ist das neuere RF-603-Protokoll vorzuziehen.

Da der Funkauslöser RF-603 (II) das RF-602-Funkprotokoll nicht unterstützt, ist ein gemischter Betrieb der Funkauslöser RF-602 und RF-603 (II) leider nicht möglich.

Die Einstellungen TX, RX und TRX

Soll ein Gerät als Master arbeiten, so muss es dafür in den Modus TX (Transmit) geschaltet werden. Bei den Empfängern, die über Funk ausgelöst werden sollen, muss der Modus RX (Receive) ausgewählt sein. Bei manchen Geräten außerhalb der YN560-Reihe, wie dem Aufsteckblitz YN685 oder dem Funkauslöser YN622 II kann der Empfangsmodus unter Umständen statt RX eine abweichende Bezeichnung haben.

Die Funkauslöser RF-602 sowie die erste Generation der RF-603 können nicht zwischen TX und RX umgeschaltet werden. Der Funkauslöser RF-602 besteht aus zwei verschiedenen Geräten: dem Sender RF-600TX und dem Empfänger RF-602RX. Diese Geräte können jeweils immer nur als Sender oder Empfänger arbeiten. Der Funkauslöser RF-603 der ersten Generation besitzt nur einen Ein/Aus-Schalter und arbeitet immer als Transceiver, einer Kombination aus Sender (Transmitter) und Empfänger (Receiver).

Bei den neueren Funkauslösern RF-603 II und RF-605 kann zwischen den Einstellungen TX (Transmit) und TRX (Transceive) gewählt werden. Einen reinen Empfangsmodus RX wie bei den anderen Geräten gibt es bei diesen Funkauslösern nicht. Der Modus TRX ist ein gemischter Modus, in dem das Gerät ohne umzuschalten als Sender oder als Empfänger verwendet werden kann, so wie der RF-603 der ersten Generation. Der Modus TX wird bei diesen Geräten ausschließlich dazu verwendet, um entweder die Slave-Blitzgeräte aus dem Stromsparmodus aufzuwecken (Auslöser am Sender auf Stufe 1) oder einen Testblitz auszulösen (Auslöser am Sender auf Stufe 2).

Entfesseltes Blitzen   109

> *Einstellen des Funkkanals*

Das Funksignal kann auf einem von 16 verschiedenen Kanälen übertragen werden. Alle Geräte sind in der Werkseinstellung auf den Kanal 1 voreingestellt. In den meisten Fällen kann diese Einstellung auch so beibehalten werden.

Befinden sich in der Nähe[8] allerdings noch andere Fotografen, die ebenfalls ihre Yongnuo-Blitze auf Kanal 1 ansteuern, dann sollte man besser auf einen anderen Kanal ausweichen, um gegenseitige Beeinflussungen durch die Funksignale zu vermeiden. Dabei ist zu beachten, dass die eigenen Geräte (Sender sowie Empfänger) alle auf den gleichen Funkkanal eingestellt sein müssen, da sie sonst nicht mehr miteinander kommunizieren können.

Die Einstellung des Kanals erfolgt bei den Funkauslösern RF-602 und RF-603 mechanisch über einen DIP-Schalter. Beim RF-602 befindet sich dieser Schalter am Sender und Empfänger außen am Gehäuse, beim RF-603 liegt der Schalter innen im Batteriefach. Bei allen anderen Geräten wird die Einstellung des Kanals elektronisch vorgenommen. Im Display wird dabei auch gleichzeitig noch die entsprechende Einstellung der DIP-Schalter angezeigt. Das macht es wesentlich einfacher, die für den jeweiligen Kanal erforderlichen Einstellungen auf die DIP-Schalter der Funkauslöser zu übertragen. Eine Übersicht der Schalterstellungen für alle Kanäle finden Sie im Anhang auf der Seite 158.

---

[8] Die Reichweite des Funksignals kann bei Sichtverbindung bis zu 100 Meter betragen. Innerhalb von geschlossenen Gebäuden ist es weniger, je nach der Beschaffenheit von Wänden und Decken.

Bildung von Gruppen

Mit den Funksendern der Aufsteckblitze YN560 IV und YN660 oder der Funksteuereinheit YN560-TX ist nicht nur möglich, Slave-Blitze auszulösen, sondern auch bei Slave-Blitzen mit integriertem Empfänger deren Blitzleistung und Zoom-Faktor vom Sender aus per Funk einzustellen. Damit lassen sich auch solche Geräte problemlos einstellen, die sich beispielsweise hoch oben auf einem Blitzstativ befinden und deren Bedienfeld nur schwierig zu erreichen ist.

Besteht der Aufbau aus mehreren Slave-Blitzen, so werden die gleichen Einstellungen an alle Blitze übertragen. Das ist aber nicht immer erwünscht, denn oft möchte man bei einem Aufbau mit mehreren Blitzen nicht alle Geräte mit den gleichen Einstellungen betreiben.

Um das zu umgehen, lassen sich die Blitzgeräte in verschiedene Gruppen einteilen, für die jeweils individuelle Einstellungen vorgenommen werden. So können beispielsweise alle Geräte der Gruppe A mit einer Leistung von 1/32 und alle Geräte der Gruppe B mit einer Leistung von 1/128 konfiguriert werden.

Es können maximal sechs verschiedene Gruppen (A bis F) gebildet werden, eine Gruppe wiederum kann aus beliebig vielen Geräten bestehen. Da der Aufsteckblitz YN560 IV als Sender im TX-Modus nur bis zu drei Gruppen (A/B/C) ansteuern kann, ist zur Steuerung von sechs Gruppen (A/B/C/D/E/F) entweder eine Funksteuereinheit YN560-TX oder ein Aufsteckblitz YN660 erforderlich[9].

---

[9] Die Aufsteckblitze YN720 sowie YN860Li gehören zwar nicht zur YN560-Reihe, sind aber ebenfalls in der Lage, bis zu sechs Gruppen über das RF-603-Protokoll zu steuern.

Das folgende Beispiel zeigt die Aufteilung von mehreren Aufsteckblitzen YN560 III und YN560 IV in vier Gruppen, die durch die Funksteuereinheit YN560-TX eingestellt und ausgelöst werden.

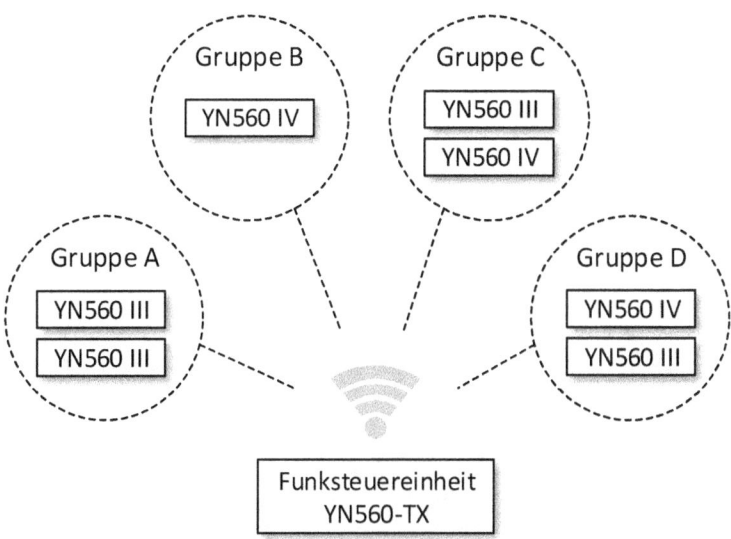

Abbildung 69: Steuerung von Blitzen in vier Gruppen (A/B/C/D) mit einem YN560-TX

Eine Gruppe kann natürlich auch aus nur einem einzigen Gerät bestehen, so wie die Gruppe B in diesem Beispiel.

Wird jedem Aufsteckblitz eine eigene Gruppe zugewiesen, so lassen sich bei der Verwendung der Gruppen A bis F bis zu sechs Blitze jeweils mit individuellen Einstellungen für Leistung und Zoom versehen.

Gruppen mit YN560-TX als Master und YN560 als Slave

Im folgenden Beispiel kommen zwei Aufsteckblitze YN560 IV zum Einsatz, die in zwei verschiedene Gruppen (A und B) aufgeteilt wurden, um sie getrennt voneinander einstellen zu können. Das Blitzgerät in der Gruppe A soll mit einer Leistung von 1/4 blitzen und das andere Gerät in der Gruppe B nur mit einer Leistung von 1/64. Die Einstellungen werden über die Funksteuereinheit YN560-TX vorgenommen:

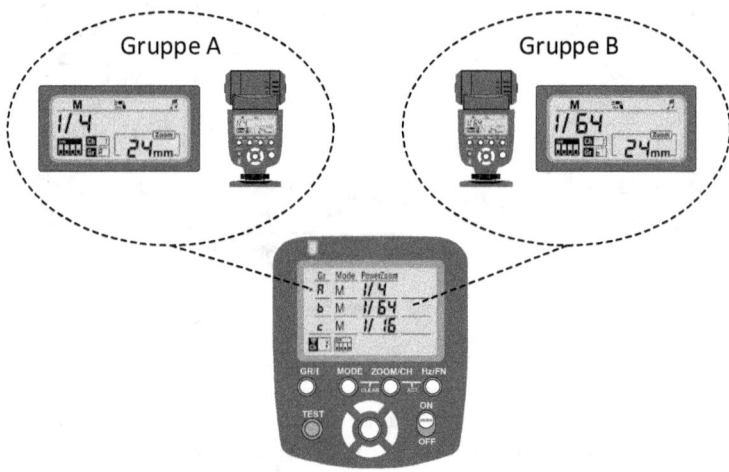

Abbildung 70: Steuerung von zwei YN560 in zwei Gruppen mit dem YN560-TX

Es ist ebenfalls möglich, eine Gruppe von Blitzen vorübergehend zu deaktivieren, ohne dass dazu die Blitzgeräte ausgeschaltet werden müssen. Das kann nützlich sein, wenn man die Wirkung der Blitze nacheinander kontrollieren möchte, um deren Leistung einstellen zu können.

Entfesseltes Blitzen   113

Im folgenden Beispiel blitzt das Gerät in der Gruppe A mit einer Leistung von 1/4, wohingegen das Gerät in der Gruppe B durch die Einstellung - - deaktiviert ist.

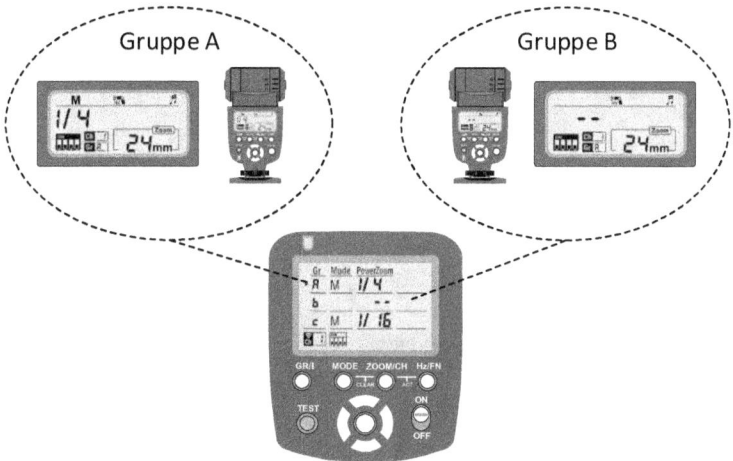

Abbildung 71: Deaktivierung des YN560 in der Gruppe B durch den YN560-TX

Gruppen mit RF-605 Funkauslösern als Slave

Der Funkauslöser RF-605 ist zwar nicht in der Lage, Einstellungen für Leistung und Zoom zu übertragen, dennoch lassen sich mit dem RF-605 Gruppen bilden und gezielt auslösen, indem am Sender einzelne Gruppen aktiviert oder deaktiviert werden können.

Die RF-605 Funkempfänger lassen sich auch mit einem YN560-TX auslösen. Dabei ist es aber völlig unerheblich, welche Leistung am YN560-TX für die Gruppe eingestellt ist, denn es wird nur das reine Auslösesignal an den RF-605 Funkempfänger übertragen.

Das folgende Beispiel zeigt drei RF-605 Empfänger, wobei sich jeder der Empfänger jeweils in einer drei Gruppen (A/B/C) befindet. Für die Gruppe C wurde die Leistung auf - - eingestellt. Somit löst der Empfänger der Gruppe C nicht aus, sondern nur die Gruppen A und B.

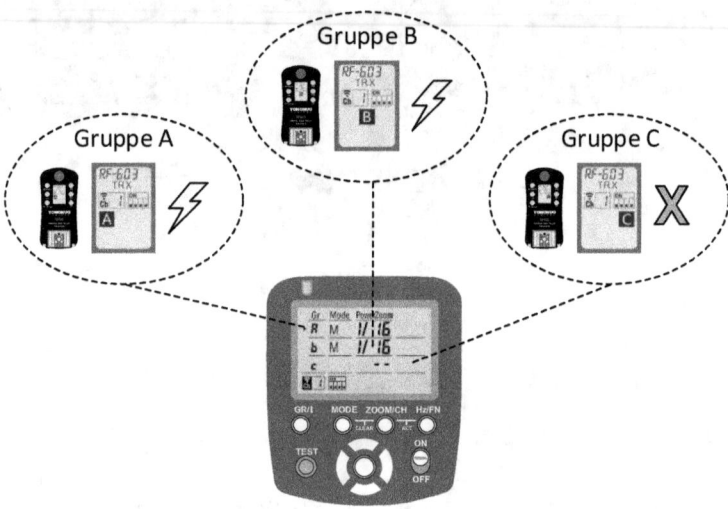

Abbildung 72: Deaktivierung der Gruppe C durch den YN560-TX als Sender

Wer keinen YN560-TX einsetzt, sondern stattdessen ausschließlich mit RF-605 Funkauslösern arbeitet, kann den gleichen Aufbau natürlich auch mit einem RF-605 als Master im TRX-Modus erreichen.

Entfesseltes Blitzen 115

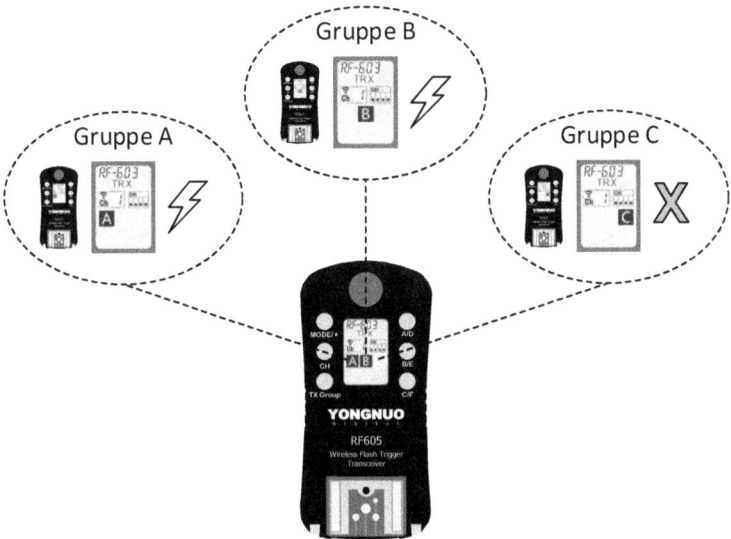

Abbildung 73: Deaktivierung der Gruppe C durch den RF-605 als Sender

Dadurch, dass am Sender nur die Gruppen A und B aktiviert sind, wird der Empfänger in der Gruppe C nicht mit ausgelöst.

Gruppen mit RF-602 / RF-603 Funkauslösern als Slave

Aufsteckblitze, die durch einen am Blitzfuß angebrachten Funkauslöser RF-602 oder RF-603 ausgelöst werden, lassen sich keiner Gruppe zuordnen. Sobald ein Sender YN560-TX, YN560 IV oder RF-605 ein Auslösesignal sendet, werden immer alle RF-602 bzw. RF-603 ausgelöst, unabhängig davon, welche Einstellungen für einzelne Gruppen am Sender eingestellt sind.

Der optische Slave-Modus (S1/S2)

Alle Aufsteckblitze der YN560-Reihe lassen sich auch ohne das RF60x-kompatible Funkprotokoll entfesselt betreiben. In diesem Fall erfolgt die Zündung des Slave-Blitzes durch das Blitzlicht eines beliebigen Master-Blitzes.

Die Aufsteckblitze der ersten und zweiten Generation aus der YN560-Modellreihe sind ausschließlich als optischer Slave in den Modi S1 und S2 konzipiert worden, da sie keinen integrierten Funkempfänger besitzen.

Slave-Modus S1

Durch mehrmaliges Drücken der Auslösemodus-Taste wird am Aufsteckblitz der Slave-Modus S1 ausgewählt.

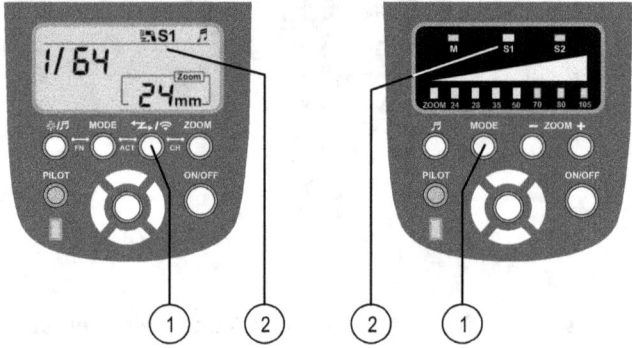

Abbildung 74: YN560 – Betrieb als optischer Slave im Modus S1

(1) Auslösemodus-Taste
(2) Auslösemodus S1

Im Modus S1 reagiert der Slave-Blitz auf das Blitzlicht des Masters. Dazu befindet sich an der Vorderseite des YN560 ein optischer Sensor, der den entfesselten YN560 synchron zum Master-Blitz zünden lässt. Eine Kamera mit eingebautem Blitz und ein einziger YN560 ohne weiteres Zubehör reichen also im Prinzip schon aus, um entfesselt blitzen zu können.

Slave-Modus S2

Mitunter kann es vorkommen, dass der eingebaute Blitz oder ein TTL-Blitzgerät im Blitzschuh der Kamera einen Vorblitz zündet, der entweder zur Belichtungsmessung, als AF-Hilfslicht oder zur Vermeidung von roten Augen dient. Ein solcher Vorblitz würde vom Sensor erfasst werden und in der Folge im Modus S1 dazu führen, dass der Slave-Blitz dadurch gezündet wird. Im Modus S2 hingegen löst das Slave-Blitzgerät bei einem solchen Vor- oder Messblitz nicht mit aus, sondern erst mit dem zweiten Blitz, dem Hauptblitz.

Bei manchen Blitzgeräten wird zur Reduzierung des Roten-Augen-Effekts nicht nur ein einzelner Vorblitz, sondern eine ganze Reihe von Vorblitzen gezündet. In diesem Fall muss ist die Funktion zur Vermeidung von roten Augen am Master-Blitz deaktiviert werden.

Die Auswahl des Modus S2 erfolgt durch einmaliges Drücken der Auslösemodus-Taste, wenn bereits die Einstellung S1 gewählt ist. Ansonsten drücken Sie die Auslösemodus-Taste so oft, bis im Display die Anzeige für den Modus S2 erscheint.

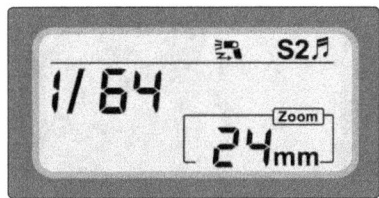

Abbildung 75: YN560 – Betrieb als optischer Slave im Modus S2

Drücken Sie die Auslösemodus-Taste erneut, um den Modus S2 zu verlassen und in einen anderen Modus zu wechseln.

Der YN560 IV als Funksender

Der YN560 IV verfügt über eine integrierte Sendereinheit zum Einstellen und Auslösen von entfesselten Blitzen. Bei einem Aufsteckblitz mit integriertem Funkempfänger (ab YN560 III) werden neben dem Auslösesignal auch die Einstellungen für Leistung und Zoom per Funk übertragen. Der YN560 IV kann bis zu drei Gruppen (A/B/C) mit jeweils unterschiedlichen Einstellungen ansteuern.

Das folgende Beispiel zeigt einen einfachen Aufbau mit zwei YN560 IV, von denen der Blitz auf der Kamera als Master (Modus TX) und der andere entfesselt als Slave (Modus RX) eingestellt ist.

Abbildung 76: Zwei Aufsteckblitze YN560 IV als Master (TX) und als Slave (RX)

Mit dem Auslösen der Kamera sendet der Master ein Funksignal an den Slave, der darüber ebenfalls gezündet wird.

Programmieren von Sender und Empfänger

Um einen YN560 IV als Sender zu verwenden, befestigen sie den Aufsteckblitz im Blitzschuh der Kamera und schalten Sie den Blitz ein. Betätigen Sie die Auslösemodus-Taste, bis in der oberen Zeile der Anzeige das Symbol für den Modus TX erscheint.

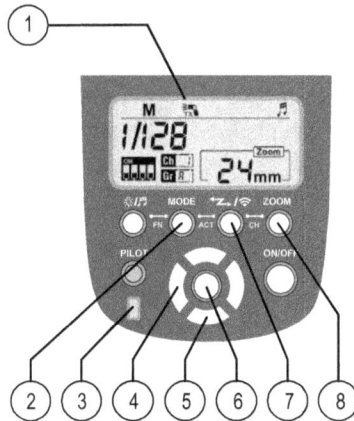

Abbildung 77: YN560 – Die Bedienfeldelemente für den Funkbetrieb

(1) Anzeige für Auslösemodus (TX/RX)
(2) Modus-Wahltaste
(3) Kontrollleuchte für Fernsteuerungssignale
(4) Auswahltasten Links/Rechts
(5) Auswahltasten Auf/Ab
(6) Set-Taste
(7) Auslösemodus-Taste
(8) Zoom-Taste

Schalten Sie als nächstes die Slave-Blitze ein und stellen Sie dort den Modus RX ein. Stellen Sie falls erforderlich für jeden Slave-Blitz die gewünschte Gruppe ein. Dazu drücken Sie beim YN560 IV im RX-Modus kurz die Set-Taste und wählen die Gruppe durch die

Auswahltasten Auf/Ab aus[10]. Anschließend betätigen Sie wieder die Set-Taste, um die Auswahl zu bestätigen. Beim YN560 III drücken Sie gleichzeitig die MODE-Taste und die Auslösemodus-Taste für die Funktion GRP, um so die Gruppe einzustellen.

Wählen Sie nun für die Programmierung der Einstellungen am Master mit der Set-Taste die entsprechende Gruppe (A/B/C) aus und stellen Sie anschließend mit den Tasten Auf/Ab sowie Links/Rechts die gewünschte Leistung für diese Gruppe ein. Mit der Taste ZOOM können Sie den Zoom-Wert für die Geräte in dieser Gruppe einstellen. Bei jeder Änderung der Einstellungen leuchtet die Kontrollleuchte unten links auf dem Bedienfeld kurz blau auf.

Natürlich lassen sich am Slave-Blitz die Einstellungen weiterhin am Bedienfeld verändern. Diese Einstellungen bleiben dann so lange gültig, bis am Master wieder Änderungen für diese Gruppe vorgenommen werden oder am Master mit der PILOT-Taste eine Testauslösung aller Blitze durchgeführt wird.

Die Einstellungen der Gruppen A bis C gelten nur für die entfesselten Slave-Blitze im RX-Modus, nicht jedoch für den Master im Blitzschuh der Kamera. Der Master-Blitz auf der Kamera ist kein Mitglied einer Gruppe, für ihn gelten eigene Einstellungen.

Einstellen des Master-Blitzes

Um die Einstellungen für den Master-Aufsteckblitz auf der Kamera zu verändern, während er im TX-Modus läuft, müssen mit der Set-Taste die Gruppen solange durchgeschaltet werden, bis die Gruppe - - erscheint. Alle hier vorgenommenen Einstellungen gelten dann ausschließlich für den Blitz auf der Kamera.

---

[10] Mit den Auswahltasten Links/Rechts schalten Sie durch weitere Untergruppen (z.B. bei der Gruppe A -> A1/A2/A3). Diese haben keine besondere Funktion, für die Untergruppen gelten ebenfalls die Einstellungen der Gruppe.

Entfesseltes Blitzen 121

Ein auf der Kamera befindlicher YN560 IV kann auch als reiner Funksender ohne Blitzfunktion verwendet werden, vergleichbar mit einem YN560-TX. Dazu muss in der Gruppe - - mit der MODE-Taste die Einstellung - - ausgewählt werden.

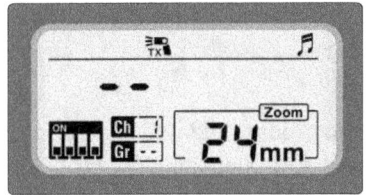

Abbildung 78: YN560 IV - Betrieb im TX-Modus als Sender ohne Blitzfunktion

Mit dieser Einstellung verhält sich der YN560 IV im Grunde wie ein YN560-TX, allerdings mit der Einschränkung, dass mit dem YN560 IV nur bis zu drei Gruppen verwaltet werden können.

In der Praxis bietet der YN560-TX gegenüber einem YN560 IV als Master noch eine Reihe weiterer Vorteile: der YN560-TX ist einfacher zu bedienen und man hat die aktuellen Einstellungen für jeweils drei Gruppen sofort im Blick. Er hat natürlich ein geringeres Gewicht und ist nicht zuletzt auch günstiger in der Anschaffung als ein YN560 IV.

Aktivierung der Gruppenfunktion am YN560 III

Um einen Aufsteckblitz YN560 III einer Gruppe zuweisen zu können, muss am Blitzgerät zuerst eine Aktivierung der Gruppenfunktion durchgeführt werden.

Im Modus RX wird im Display unter dem Funkkanal (Ch) die aktuell eingestellte Gruppe angezeigt. Im Auslieferungszustand ist beim YN560 III der Gruppen-Anzeigebereich im Display jedoch nicht vorhanden. Daran erkennen Sie, ob bei diesem Gerät eine Aktivierung der Gruppenfunktion erforderlich ist.

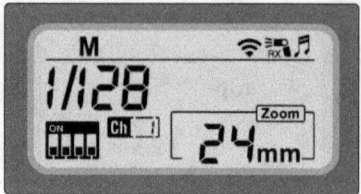

Abbildung 79: YN560 III - Fehlende Gruppen-Anzeige im Modus RX

Stellen Sie vor der Aktivierung sicher, dass beide Geräte auf den gleichen Funkkanal eingestellt sind und sich der YN560 IV im Modus TX sowie der YN560 III im Modus RX befinden.

Drücken Sie zum Verbinden der Geräte am YN560 IV gleichzeitig die MODE- und Auslösemodus-Taste. Im Display blinken für einige Sekunden die Meldung AC und die Gruppenanzeige (Gr).

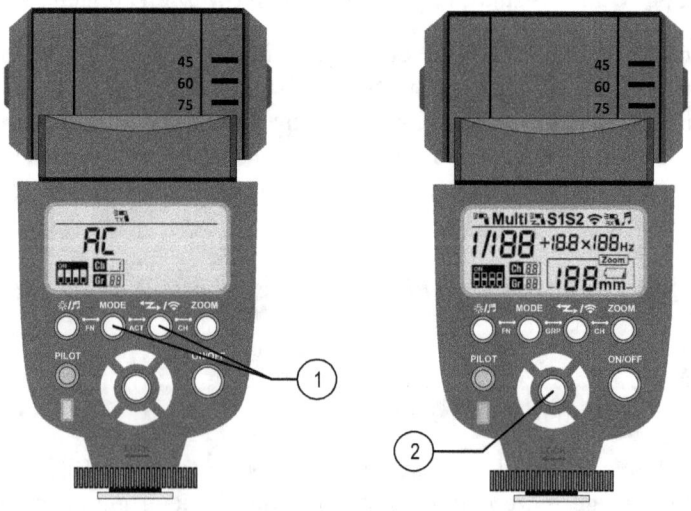

Abbildung 80: YN560 – Verwendung eines YN560 IV zur Aktivierung eines YN560 III

(1) Funktion ACT über die Tasten MODE + Auslösemodus
(2) Set-Taste

Während dieser Zeit leuchtet am YN560 III die Kontrollleuchte für Fernsteuerungssignale blau und im Display werden alle Symbole gleichzeitig angezeigt. Drücken Sie jetzt am Blitzgerät die Set-Taste, um die Gruppenfunktion zu aktivieren. Nach diesem Vorgang lässt sich der YN560 III einer Gruppe zuweisen.

Die Aktivierung der Gruppenfunktion am YN560 III ist auch mit der Funksteuereinheit 560-TX möglich. Die dazu erforderlichen Schritte sind ab Seite 83 beschrieben.

Die Gruppenfunktion bleibt normalerweise dauerhaft aktiviert, auch wenn der Blitz ausgeschaltet oder die Batterien entnommen werden. Sollte aus irgendwelchen Gründen die Möglichkeit zur Auswahl der Gruppe nicht mehr gegeben sein, so führen Sie die Aktivierung erneut durch.

Empfohlene Ausrüstung für das entfesselte Blitzen

Wer die ersten Schritte beim entfesselten Blitzen wagen möchte, fragt sich sicher, mit welcher Ausstattung man starten sollte. Denn niemand möchte gleich mehrere Hundert Euro ausgeben, ohne sich überhaupt sicher zu sein, ob man an der Blitzfotografie Gefallen findet.

Sehr einfache Aufbauten zum entfesselten Blitzen lassen sich für den Anfang schon mit relativ wenig finanziellem Aufwand mit dem integrierten Kamerablitz und einem beliebigen Aufsteckblitz aus der YN560-Reihe im optischen Slave-Modus S1 realisieren. Der eingebaute Blitz der Kamera dient dabei als Auslöser für den entfesselten Aufsteckblitz.

Diese Basisausrüstung lässt sich in sinnvollen Schritten erweitern. Mit zwei Funkauslösern RF-603 lässt sich der entfesselte Blitz über ein Funksignal statt über einen Master-Blitz auslösen. Das hat den Vorteil, dass sich das Licht zielgerichteter setzen lässt und nicht mehr durch den frontalen Kamerablitz beeinflusst wird. Die Funkauslöser können darüber hinaus auch noch als Fernauslöser für die Kamera genutzt werden.

Möchte man mit zwei oder noch mehr entfesselten Blitzen arbeiten, bietet sich dafür der Einsatz von Aufsteckblitzen mit einem eingebauten Funkempfänger an, also ab dem Modell YN560 III aufwärts. Diese Blitzgeräte lassen sich durch einen Funkauslöser RF-603 auf der Kamera entfesselt auslösen.

Wer sich nicht ausschließlich auf das manuelle Blitzen festlegen möchte und im Besitz einer Kamera von Canon oder Nikon ist, für den ist möglicherweise der TTL-Blitz YN685 eine Alternative zum manuellen YN560. Der YN685 ist ein vollwertiger TTL-Blitz, kann aber auch genauso wie ein YN560 III als Slave für das RF-603-Funkprotokoll eingesetzt werden.

Erweitert man seine Ausrüstung mit einer Funksteuereinheit YN560-TX, lassen sich die Blitze nicht nur auslösen, sondern auch über Funk einstellen. Je mehr Blitzgeräte zum Einsatz kommen, desto effizienter können die Einstellungen der einzelnen Geräte vorgenommen und mit einem Blick kontrolliert werden. Und wer die Funksteuereinheit erst einmal besitzt, gewöhnt sich schnell daran, sie auch dann zu benutzen, wenn man mit nur einem einzigen entfesselten Blitz arbeitet.

Auch der Einstieg in die Welt der Lichtformer ist nicht teuer. Einen Durchlichtschirm, einen einfachen Schirmneiger und ein günstiges Lichtstativ bekommt man zusammen schon für den Preis eines YN560 IV. Bei den Softboxen gibt es allerdings deutliche Preis- und Qualitätsunterschiede. Manche Softboxen müssen vorher erst minutenlang montiert werden, andere Softboxen lassen sich genauso einfach wie ein Durchlichtschirm in wenigen Sekunden auf- und abbauen. Hier lohnt es sich, vorher die Modelle der verschiedenen Hersteller zu vergleichen und vielleicht ein doch paar Euro mehr auszugeben, wenn man die Softbox nicht nur gelegentlich nutzen möchte.

Indirektes Blitzen

Hartes und weiches Licht

Je größer die Lichtquelle ist, desto fließender ist der Verlauf der Schattengrenzen. Man spricht hier in der Regel von hartem und weichem Licht. Hartes Licht erzeugt scharf definierte Schattengrenzen, weiches Licht hingegen erzeugt sanfte Licht- und Schattenverläufe, die das Bild oft angenehmer erscheinen lassen.

Ein Aufsteckblitz ist ohne weitere Lichtformer selbst bei der Zoom-Einstellung von 24 mm immer noch eine relativ kleine Lichtquelle. Durch indirektes Blitzen lässt sich diese Lichtquelle jedoch vergrößern und damit ein weicheres Licht erzeugen. Indirekt bedeutet in diesem Fall, dass das Blitzlicht nicht mehr direkt auf das Motiv trifft, sondern über eine größere Fläche auf das Motiv reflektiert wird.

Das funktioniert auch mit einem einzigen Aufsteckblitz auf der Kamera. Dazu wird der Blitzkopf einfach zur Seite gedreht oder nach oben geschwenkt, damit das Licht von einer großen Fläche wie Wand oder Decke reflektiert wird. Der Blitzkopf lässt sich auch um 180° nach hinten drehen, um beispielsweise eine Wand im Rücken des Fotografen als große Reflektionsfläche zu nutzen.

Ein wichtiger Grundsatz beim indirekten Blitzen ist ein physikalisches Gesetz, das besagt, dass der Einfallswinkel des Lichts immer dem Ausfallswinkel entspricht.

Beim indirekten Blitzen ist auch zu bedenken, dass das Licht in vielen Fällen an Intensität verliert, da selbst ein heller Reflektor einen Teil des Lichts absorbiert und sich der Weg des Lichts verlängert, bevor es auf das Motiv trifft.

Ein weiteres physikalisches Gesetz beschreibt, dass bei einer Verdopplung der Entfernung die vierfache Lichtmenge für die gleiche Helligkeit benötigt wird. Beim indirekten Blitzen muss daher immer eine höhere Leistung am Blitzgerät gewählt werden als beim direkten Blitzen.

Die beiden folgenden Aufnahmen wurden mit einem YN560 auf der Kamera gemacht. Beim linken Bild ist der Blitz mit 1/128 Leistung direkt frontal auf das Motiv gerichtet. Man sieht sehr deutlich den harten Schatten hinter der Figur, der durch das direkte Licht entsteht.

Beim rechten Bild befindet sich der Blitz ebenfalls auf der Kamera, jedoch wurde der Blitzkopf nach oben zur Decke geschwenkt. Das von der Decke reflektierte Licht fällt dadurch von oben auf das Motiv, was einen natürlichen Lichtverlauf erzeugt. Die harten Schatten sind verschwunden und der Hintergrund ist durch die größere Reflektionsfläche wesentlich besser ausgeleuchtet. Für das rechte Bild wurde die Blitzleistung von 1/128 auf 1/8 erhöht.

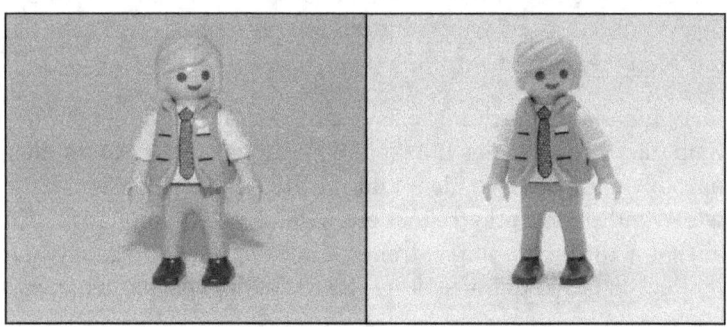

Abbildung 81: Der Lichtverlauf beim direkten und indirekten Blitzen

[Einstellungen: 1/200 bei f/5.6 - ISO 100 – 50 mm – Blitz auf der Kamera]

Dieses Beispiel zeigt, dass ein YN560 nicht unbedingt entfesselt mit einer Softbox betrieben werden muss, um weiches Licht zu erzeugen. Mit einem Blitz auf der Kamera lassen sich durch das indirekte Blitzen ohne großen Aufwand ebenfalls gute Ergebnisse erzielen.

Indirektes Blitzen 127

Blitzen gegen Wand und Decke

Wände und Decken in Räumen sind ein guter Reflektor, um durch indirektes Blitzen weiches Licht und dadurch weiche Schatten zu erzeugen. Die Reflektionsfläche sollte vorzugsweise weiß sein, da es sonst zu ungewollten Farbstichen in der Aufnahme kommen kann.

Natürlich dürfen die Flächen auch nicht zu weit entfernt sein. So sind beispielsweise die Decke oder Wände in einer großen Sporthalle nur selten als Reflektionsfläche zu gebrauchen, da selbst die volle Leistung eines Aufsteckblitzes hier oft nicht mehr ausreicht, um eine brauchbare Menge an Licht zu reflektieren.

Das folgende Beispiel zeigt den Verlauf des Lichts beim indirekten Blitzen in einem Raum gegen die Decke.

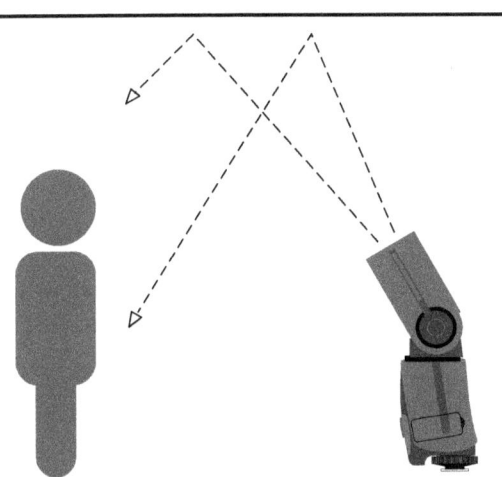

Abbildung 82: Indirektes Blitzen gegen die Decke

Das reflektierte Blitzlicht kommt ebenso wie das Sonnenlicht von oben, was den Verlauf der Schatten am Motiv natürlich erscheinen lässt.

Blitzen mit der Reflektorkarte

Beim indirekten Blitzen kann ein kleiner Teil des Lichts durch die im Blitzkopf integrierte Reflektorkarte umgelenkt werden. Dieser Teil des Lichts trifft von vorne auf das Motiv, was diesen Bereich zusätzlich etwas aufhellt.

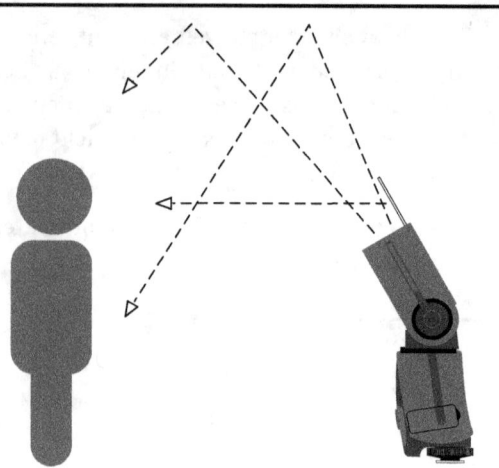

Abbildung 83: Umlenkung des Blitzlichts über die integrierte Reflektorkarte

Bei Porträtaufnahmen spiegelt sich der Reflektor mit einem hellen Punkt in den Augen des Modells. Dieser Effekt wird Catch-Light genannt und lässt die Aufnahme lebendiger wirken.

Blitzen mit einem Flächenreflektor

Beim Blitzen gegen die Decke kommt es bei Porträtaufnahmen oftmals zu Schatten im Augenbereich, unter der Nase und unter dem Kinn. Diese Schatten können durch einen Flächenreflektor reduziert werden, der unterhalb des Gesichts positioniert wird. Durch das zusätzlich reflektierte Licht von unten erreicht man eine gleichmäßige Ausleuchtung.

Indirektes Blitzen 129

Im einfachsten Fall kann auch eine normale Styroporplatte als Flächenreflektor verwendet werden. Im Zubehörhandel sind Faltreflektoren mit verschiedenen Beschichtungen[11] erhältlich, die sich für Transport und Aufbewahrung auf ein kleines Maß zusammenfalten lassen.

Der Flächenreflektor kann an einem Stativ befestigt sein, von einem Assistenten oder vom Modell gehalten werden.

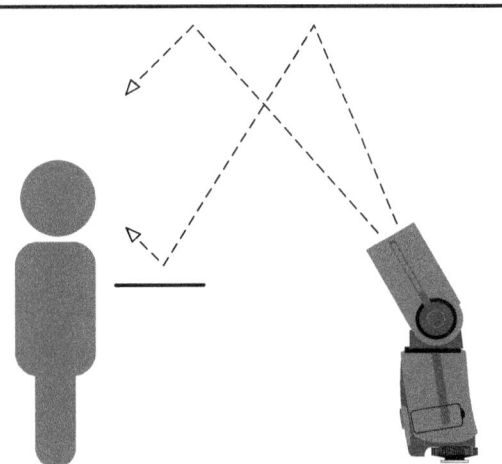

Abbildung 84: Aufhellung des Motivs durch einen zusätzlichen Reflektor

Ein solcher Reflektor kann bei entsprechender Größe auch als primäre Reflektionsfläche zum indirekten Blitzen verwendet werden. Das bietet sich besonders dort an, wo es sonst keine Flächen zum indirekten Blitzen gibt, zum Beispiel bei Aufnahmen im Freien.

---

[11] Diese Reflektoren haben typischerweise eine goldene und eine silberne Seite, die sogenannten 5-in-1-Reflektoren haben zusätzlich noch Diffus, Weiß und Schwarz dabei.

Blitzen mit mehrfacher Reflektion

In geschlossenen Räumen lässt sich nicht nur die Decke als Reflektionsfläche für das indirekte Blitzen nutzen, sondern auch Flächen, die sich hinter dem Fotografen befinden. Dazu wird der Blitzkopf um 180° gedreht und schräg auf die rückwärtige Wand gerichtet. Das Blitzlicht wird dabei von der Wand an die Decke und von dort aus auf das Motiv reflektiert. Dabei ist natürlich darauf zu achten, dass die Farbe der Wand das Licht nicht verfälscht. Im Idealfall sollte daher eine weiße Wand als Reflektionsfläche dienen.

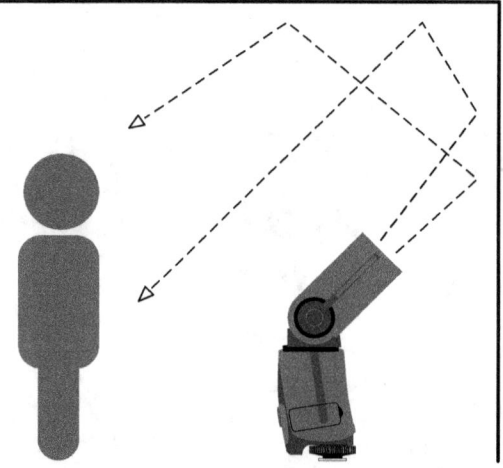

Abbildung 85: Indirektes Blitzen gegen Wand und Decke

Auf diese Weise wird das Licht noch weicher beim Motiv ankommen als beim einfachen indirekten Blitzen gegen die Decke. Da das Licht einen längeren Weg zurücklegen muss und die Reflektionsflächen etwas Licht schlucken, muss bei dieser Art des indirekten Blitzens die Leistung erhöht werden.

Lichtformer

Als Lichtformer werden in der Fotografie Vorrichtungen bezeichnet, mit denen die Ausbreitung des Lichts beeinflusst wird. Die Aufsteckblitze von Yongnuo bringen serienmäßig schon zwei Lichtformer mit: die im Blitzkopf integrierte Reflektorkarte und die ebenfalls dort einbaute Streulichtscheibe.

Darüber hinaus existieren noch eine ganze Reihe weiterer Lichtformer, mit denen das Licht der Aufsteckblitze gestaltet werden kann. Einige dieser Lichtformer werden in diesem Kapitel kurz vorgestellt.

Weitwinkeldiffusor

Der bekannteste Vertreter der Lichtformer für Aufsteckblitze ist wohl der Aufsatzdiffusor, der für wenig Geld im Zubehörhandel passend für die Geräte der YN560-Reihe erhältlich ist.

Abbildung 86: Lichtformer – Aufsatzdiffusor (links) und Streulichtscheibe (rechts)

Der Aufsatzdiffusor hat wie die eingebaute Streulichtscheibe die Aufgabe, das Blitzlicht über einen breiteren Winkel zu verteilen. Die Streulichtscheibe befindet sich im Gegensatz zu einem Aufsatzdiffusor direkt am Lichtaustritt des Blitzkopfes und kann somit einen etwas breiteren Abstrahlwinkel erzeugen. Da der Aufsatzdiffusor anders als die Streulichtscheibe aus diffusem Polyethylen statt aus klarem Acrylglas gefertigt ist, schluckt er etwas mehr Licht als die Streulichtscheibe.

Die Streulichtscheibe und der Aufsatzdiffusor eignen sich hervorragend, um große Lichtformer wie einen Durchlichtschirm oder eine Softbox vollständig auszuleuchten.

Oft wird der Aufsatzdiffusor jedoch in der Annahme eingesetzt, er würde weicheres Licht erzeugen. Es ist allerdings so, dass der Aufsatzdiffusor nicht die Fläche des abgegebenen Lichts verändert, wie es für weicheres Licht erforderlich wäre, sondern nur den Abstrahlwinkel vergrößert und die Helligkeit reduziert.

Da die Aufsteckblitze der YN560-Reihe wie alle Blitzgeräte von Yongnuo mit einer Streulichtscheibe ausgestattet sind, gibt es eigentlich keinen Grund, einen Aufsatzdiffusor zu verwenden. Die Streulichtscheibe ist platzsparender, hat die besseren optischen Eigenschaften und ist mindestens genauso schnell in Position gebracht wie ein Aufsatzdiffusor.

Eine Ausnahme sind die Aufsteckdiffusoren in den Farben Orange und Blau. Das Blitzlicht hat typischerweise eine Farbtemperatur von 5600K, was etwa normalem Tageslicht entspricht. Mit den farbigen Aufsteckdiffusoren kann das Blitzlicht an besonders niedrige oder hohe Farbtemperaturen angepasst werden. So wird beispielsweise ein Aufsteckblitz mit orangem Aufsteckdiffusor in einer Umgebung mit Kerzenlicht für eine ausreichende Belichtung sorgen können, ohne dabei die tatsächliche Farbtemperatur zu verfälschen.

Reflektorkarte oder Bouncer

Ebenso wie die zuvor beschriebene Streulichtscheibe ist bei allen Aufsteckblitzen von Yongnuo auch eine kleine Reflektorkarte im Blitzkopf integriert. Diese Reflektorkarte soll einen Teil des Lichts umlenken und damit bei Personen einen kleinen weißen Punkt in den Augen erzeugen. Diese Reflektion wird auch Catch-Light genannt und lässt die Aufnahme lebendiger erscheinen. Solche Reflektoren werden auch oft als Bouncer bezeichnet, da das Licht von ihnen abprallt.

Bedingt durch die geringe Größe der integrierten Reflektorkarte wird von ihr auch nur ein kleiner Teil des Lichts umgelenkt. Im Zubehörhandel gibt es Reflektoren, die wesentlich größer als die im Blitzkopf eingebaute Reflektorkarte sind. Diese Reflektoren sind meistens mit einer weißen und einer silbernen Seite mit jeweils unterschiedlichen Reflektionseigenschaften versehen und werden mit einem Gummiband am Blitzkopf befestigt.

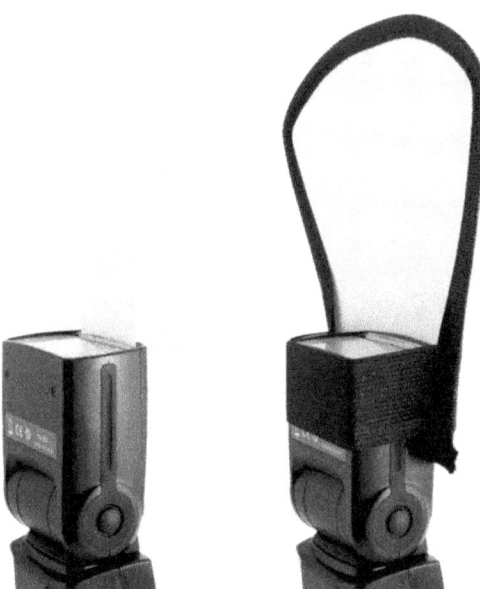

Abbildung 87: Lichtformer – Reflektorkarte (links) und externer Bouncer (rechts)

Im Gegensatz zu der kleinen Reflektorkarte des YN560 wird durch den größeren Bouncer auch eine größere Menge Licht reflektiert, insbesondere von der Seite mit der silbernen Beschichtung. Der Bouncer kann bei entsprechender Positionierung am Blitzkopf auch zur teilweisen Abschattung von Bereichen dienen.

Durchlicht- und Reflexschirm

Zu den größeren Lichtformern zur Erzeugung von weichem Licht gehören der Durchlichtschirm und der Reflexschirm. Der Durchlichtschirm besteht aus weißem, lichtdurchlässigem Stoff und verhält sich damit wie ein großer Diffusor. Der Reflexschirm hingegen lässt kein Licht durch, sondern reflektiert das gesamte Licht zurück. Beide Varianten erzeugen durch die großen Reflektionsflächen weiches Licht mit sanften Schattenverläufen.

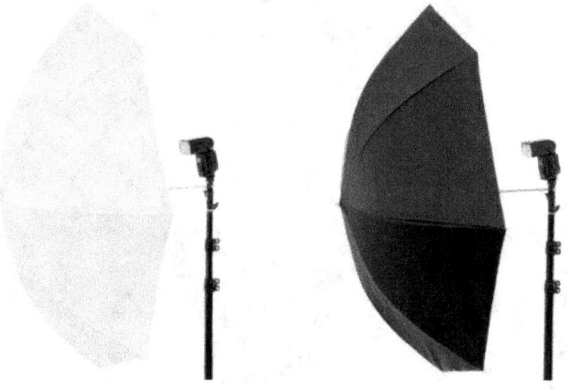

Abbildung 88: Durchlichtschirm (links) und Reflexschirm (rechts)

Durchlichtschirme sind günstig im Zubehörhandel zu bekommen, oft auch zusammen mit einem Überzug aus reflektierendem Material, um den Schirm wahlweise auch als Reflexschirm verwenden zu können. Reine Reflexschirme sind mit einer weißen, silbernen oder goldenen Innenbeschichtung erhältlich.

Ein großer Vorteil von Schirmen ist neben dem geringen Gewicht die Eigenschaft, dass sie auch platzsparend aufbewahrt und transportiert werden können. Dadurch, dass sie sich genau so einfach wie ein normaler Regenschirm aufspannen lassen, sind sie sehr schnell auf- und wieder abgebaut.

Lichtformer 135

Zubehör für die Verwendung von Schirmen

Um einen Schirm benutzen zu können, ist auf jeden Fall ein Stativ erforderlich. Dafür empfiehlt sich die Anschaffung eines speziellen Lichtstativs. Solche Lichtstative werden je nach Hersteller und Ausführung schon relativ günstig angeboten und bieten je nach Modell Arbeitshöhen von mehr als 2 Meter.

Zur Befestigung des Schirms am Stativ wird noch ein sogenannter Schirmneiger benötigt. Der Schirmneiger bietet eine Aufnahme für den Stab des Schirms sowie eine ¼"-Stativschraube oder einen Blitzschuh für den Aufsteckblitz. Am Schirmneiger kann auch der Neigungswinkel für Blitz und Schirm eingestellt werden. Das ist beispielsweise bei hochfrontalem Licht sinnvoll, wenn das Blitzlicht von schräg oben auf das Motiv fallen sollen.

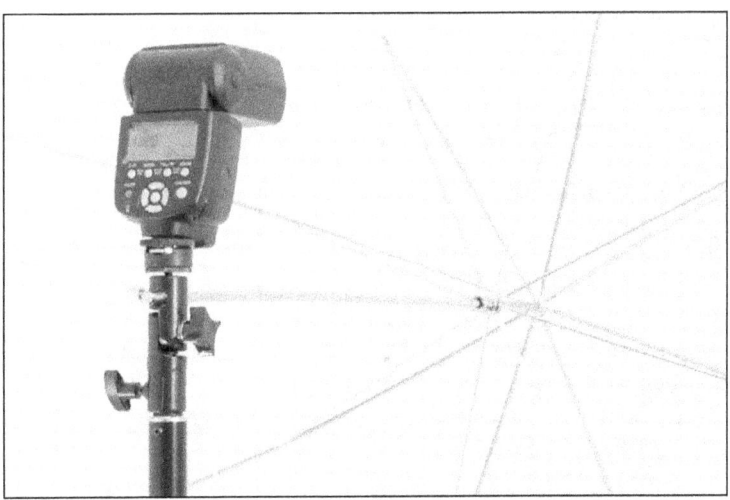

Abbildung 89: Befestigung von Aufsteckblitz und Durchlichtschirm am Schirmneiger

Für eine gelegentliche Verwendung des Schirmneigers reicht ein günstiges Modell völlig aus. Wer allerdings öfter mit Schirmen arbeitet, der sollte lieber zu einem hochwertigen Schirmneiger wie beispielsweise dem MA 026 von Manfrotto greifen.

Das Arbeiten mit Schirmen

Bei der Verwendung von Durchlicht- und Reflexschirmen mit einem Aufsteckblitz sollte man ein paar grundlegende Dinge beachten, um optimale Ergebnisse zu erzielen.

1. Die Standfestigkeit des Stativs

Gerade bei Außenaufnahmen mit Schirmen besteht die Gefahr, dass das Stativ durch plötzlich aufkommenden Wind umfällt. Dabei kann die Ausrüstung beschädigt oder sogar das Modell verletzt werden. Aus diesem Grund sollte immer für einen sicheren Stand des Stativs gesorgt werden.

2. Die Entfernung des Schirms zum Motiv

Mit einem Schirm wird eine große Abstrahlfläche für möglichst weiches Licht geschaffen. Ist der Schirm zu weit vom Motiv entfernt, verkleinert sich die Fläche im Verhältnis zum Motiv und das Licht wird wieder härter. Daher sollte sich der Schirm immer möglichst nah am Motiv befinden.

3. Die Entfernung des Aufsteckblitzes zum Schirm

Der Stab des Schirmes sollte nach Möglichkeit mit dem äußersten Ende am Schirmneiger angebracht sein. Durch die maximale Distanz zwischen Aufsteckblitz und Schirm hat das Licht die Möglichkeit, sich entsprechend auszubreiten und einen Großteil der Schirmfläche auszuleuchten. Je näher der Blitz am Schirm ist, desto kleiner ist die Lichtfläche, die der Schirm erzeugt und desto härter ist das Licht.

4. Der Zoom-Faktor

Um eine möglichst gleichmäßige und großflächige Ausleuchtung der gesamten Schirmfläche zu erreichen, sollte der Zoom-Faktor am Aufsteckblitz auf den kleinsten Wert von 24 mm eingestellt sein.

Lichtformer 137

Die folgende Abbildung zeigt, wie sich die Lichtfüllung der Schirmfläche bei einem Zoom-Faktor von 24 mm durch die zusätzliche Verwendung der im Aufsteckblitz integrierten Streulichtscheibe oder eines Aufsteckdiffusors noch weiter verbessern lässt.

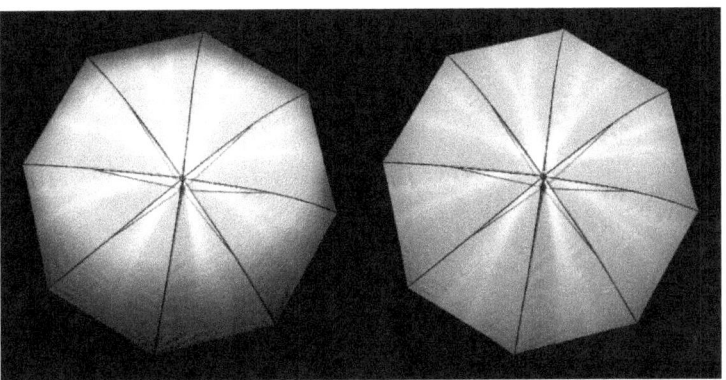

Abbildung 90: Zoom-Faktor 24 mm – rechts zusätzlich mit Streulichtscheibe

Durch die Verwendung der Streulichtscheibe entsteht ein leichter Helligkeitsverlust. Daher sollte als Ausgleich die Blitzleistung etwas erhöht werden.

5. Die Streuung

Die Verwendung eines Durchlichtschirms als Lichtformer führt dazu, dass sich das Licht mit Hilfe des Schirms zwar sehr gleichmäßig, aber doch mehr oder weniger unkontrolliert ausbreitet. Das Licht geht nicht nur durch den Schirm hindurch, ein Teil des Lichts wird auch von der Innenseite reflektiert. In geschlossenen Räumen kann dieses Licht dann wiederum von Wänden und Decke reflektiert werden, was zwar zusätzlich weiches Licht erzeugt, aber eine gezielte Ausleuchtung erschwert.

Der Effekt der Streuung fällt bei einem Reflexschirm im Gegensatz zum Durchlichtschirm etwas geringer aus, da dieser das Licht gezielter in eine Richtung reflektiert.

Softbox

Wie der Name schon vermuten lässt, sorgen Softboxen für weiches Licht. Dabei unterscheiden sich die im Handel erhältlichen Softboxen nicht nur in Größe und Form, sondern auch in Preis, Handhabung und Ausstattung.

Der Körper der Softbox ist lichtundurchlässig und im Inneren mit einer silbernen oder weißen Beschichtung versehen. Die Lichtaustrittsfläche vorne ist mit weißem Stoff bespannt. Auf der Rückseite der Softbox befindet sich eine Öffnung für das Blitzgerät.

Abbildung 91: Achteckige Softbox mit einem Aufsteckblitz

Ebenso wie ein Reflexschirm erzeugt eine Softbox gerichtetes Licht, das jedoch durch den großen Stoffdiffusor an der Vorderseite gleichmäßiger und damit auch weicher als das Licht eines Reflexschirms ist.

Manche Softboxen verwenden noch einen Zwischendiffusor im Inneren, der dafür sorgt, dass das Blitzlicht schon mit einer größeren Oberfläche am Frontdiffusor ankommt. Das sorgt insbesondere bei großen Softboxen für eine gleichmäßige Ausleuchtung der gesamten Oberfläche.

Zubehör für die Verwendung von Softboxen

Hauptsächlich werden Softboxen in der professionellen Studiotechnik eingesetzt. Das erklärt auch, warum die meisten Softboxen auf der Rückseite eine spezielle Aufnahme für Studioblitze haben.

Für viele Softboxen, die von Haus aus keine Befestigung eines Aufsteckblitzes vorsehen, gibt es im Zubehörhandel Halterungen, die es ermöglichen, einen normalen Aufsteckblitz zu befestigen. Diese Halterungen haben die gleiche Funktion wie der Schirmneiger bei einem Durchlichtschirm. An der Halterung werden die Softbox und der Aufsteckblitz befestigt und gleichzeitig kann der Neigungswinkel eingestellt werden.

Wie bei auch einem Durchlichtschirm ist bei der Verwendung einer Softbox ein Lichtstativ erforderlich, um die Softbox entsprechend positionieren zu können. Da die meisten Lichtstative vielseitige Anschlussmöglichkeiten wie ein 1/4"-Gewinde, 3/8"-Gewinde oder ein Spigot[12] bieten, ist damit eine Befestigung des Softbox-Halters eigentlich immer gewährleistet.

---

[12] Ein Spigot ist ein Verbindungselement für Stative, das hauptsächlich in der Veranstaltungstechnik, aber auch oft in der Studiofotografie zur Befestigung von Lichttechnik verwendet wird.

140

Lichtsetzung und Ausleuchtung

In diesem Kapitel werden verschiedene Arten der Lichtsetzung mit Aufsteckblitzen vorgestellt. Auch wenn in allen Beispielen dafür ausschließlich entfesselte Blitze eingesetzt werden, so bleibt selbst für die Dreipunkt-Beleuchtung mit drei entfesselten Blitzen der Aufwand an Ausrüstung noch überschaubar: Sie benötigen dafür im einfachsten Fall drei beliebige Aufsteckblitze, die den optischen Slave-Modus beherrschen und dazu noch zwei Funkauslöser.

Grundsätzlich können Sie ohne die in den folgenden Beispielen gezeigten Lichtformer arbeiten oder diese sogar bewusst weglassen, wenn Sie hartes Licht zur Bildgestaltung einsetzen möchten. Auch natürliches Licht, wie zum Beispiel Fensterlicht, lässt sich bei der Lichtsetzung integrieren.

Unterscheidung der Lichtarten

Das hellste Licht erzeugt immer das Haupt- oder Führungslicht. Dieses Licht kommt von schräg vorne, etwa 45° seitlich zur Achse der Kamera und auch etwas höher als das Motiv, damit das Licht wie man es von natürlichem Licht gewohnt ist, von oben auf das Motiv fällt. Die dadurch entstehenden Schatten reduziert dann das Aufhell- oder Fülllicht, das auf der anderen Seite der Kamera ebenfalls in einem Winkel von 45° aufgestellt ist. Das Aufhelllicht muss etwas niedriger angebracht sein, da es die Schatten, die durch das von oben einfallende Hauptlicht entstehen, aufhellen soll.

Das Kanten- oder Spitzlicht, manchmal auch Haarlicht genannt, ist ein hartes Licht und wird schräg hinter dem Motiv platziert. Mit diesem Licht werden die Konturen des Motivs aufgehellt und damit räumliche Tiefe erzeugt. Das Hintergrund- oder Raumlicht befindet sich ebenfalls hinter dem Motiv und kann für eine Aufhellung des Hintergrundes oder für besondere Lichtakzente sorgen.

Das Rembrandt-Licht

Das wohl bekannteste Licht-Setup bei Porträtaufnahmen ist das so genannte Rembrandt-Licht. Der Künstler Rembrandt hat bei Porträts oft einen leicht seitlichen Lichteinfall gewählt, so dass auf der dem Licht abgewandten Seite des Gesichts unterhalb des Auges ein helles Dreieck zu sehen ist.

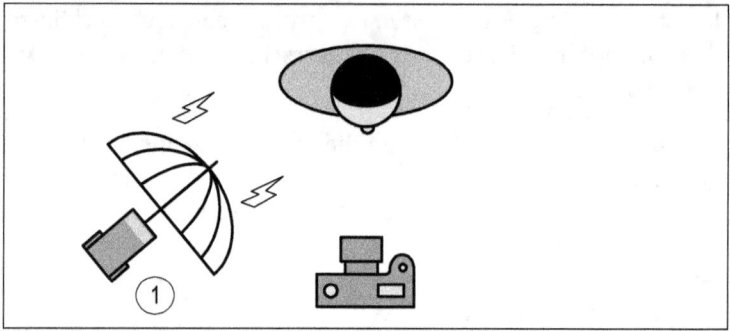

Abbildung 92: Das schräg seitliche Rembrandt-Licht

(1)   Hauptlicht mit Durchlichtschirm

Das Rembrandt-Licht lässt sich mit einem einzigen entfesselten Blitz erzeugen, der im Winkel von 45° versetzt zur Kamera aufgestellt ist. Der Durchlichtschirm erzeugt dabei ein etwas weicheres Licht und somit auch weichere Schatten. Der Blitz sollte mindestens auf der gleichen Höhe wie das Motiv sein, besser wäre eine leicht erhöhte Position, so dass das Licht von oben auf das Motiv fällt.

Die Mindestanforderungen für das Rembrandt-Licht sind zwei Funkauslöser RF-603 sowie ein beliebiger Aufsteckblitz aus der YN560-Reihe.

Lichtsetzung und Ausleuchtung 143

Einen Reflektor als Aufhelllicht einsetzen

Das Rembrandt-Licht erscheint nicht ganz so dramatisch, wenn die Schattenanteile in der nicht vom Hauptlicht ausgeleuchteten Gesichtshälfte mit einem Faltreflektor aufgehellt werden. Dadurch wird eine gleichmäßigere Ausleuchtung erzielt.

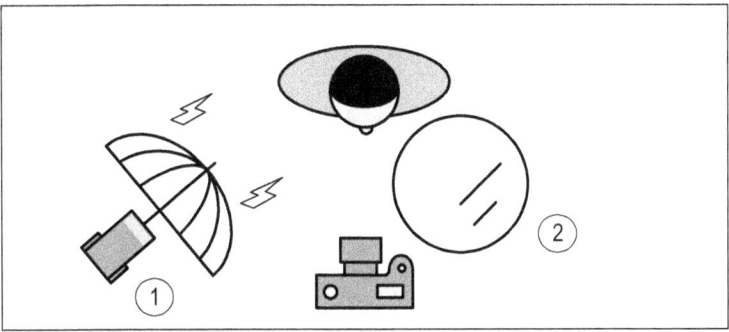

Abbildung 93: Reflektor als Aufhelllicht

(1) Aufsteckblitz mit Durchlichtschirm als Hauptlicht
(2) Faltreflektor

Aufhellen mit Blitz statt Reflektor

Anstelle des Faltreflektors kann auch ein weiterer entfesselter Blitz als Aufhelllicht verwendet werden. Der Aufhell-Blitz sollte zwischen 50% und 30% der Leistung des Hauptlichts haben.

Die Mindestanforderungen für dieses Licht-Setup mit Aufhellblitz sind zwei Funkauslöser RF-603, sowie zwei Aufsteckblitze aus der YN560-Reihe. Der Aufhellblitz wird als optischer Slave im Modus S1 betrieben und benötigt daher keinen Funkempfänger.

Die optimale Ausrüstung bei der Verwendung eines zusätzlichen Aufhellblitzes ist eine Funksteuereinheit 560-TX und zwei Aufsteckblitze ab YN560 III im RX-Modus. Dies ermöglicht die komfortable Einstellung von Haupt- und Aufhelllicht von der Kamera aus.

Den Hintergrund aufhellen

Ausgehend vom Licht-Setup des Rembrandt-Lichts wird hinter dem Motiv ein zweiter Blitz als Raum- oder Hintergrundblitz positioniert. Dieser Blitz kann den Hintergrund insgesamt etwas aufhellen oder auf einem Stativ angebracht, einen Lichtakzent hinter dem Kopf des Modells erzeugen.

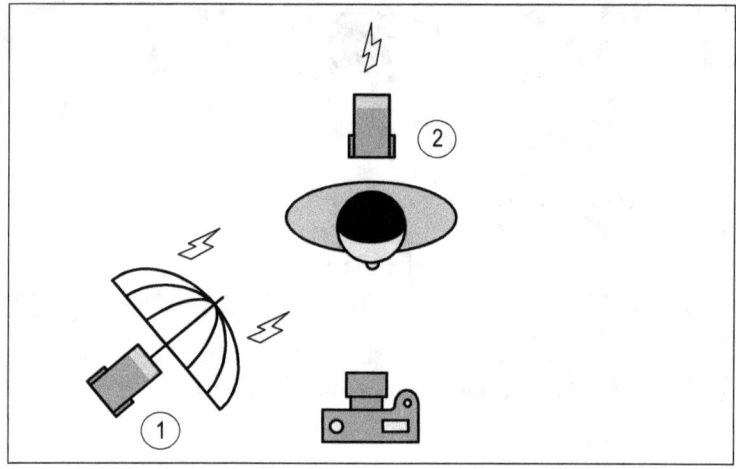

Abbildung 94: Aufhellen des Hintergrunds

(1) Aufsteckblitz mit Durchlichtschirm als Hauptlicht
(2) Aufsteckblitz als Hintergrundlicht

Für einen punktuellen, harten Lichtakzent sollte der Zoom-Wert des zweiten Blitzes auf mindestens 50mm eingestellt sein, je nach Abstand zum Hintergrund möglicherweise auch etwas höher.

Die Anforderungen an die Ausrüstung entsprechen denen des vorherigen Beispiels.

Lichtsetzung und Ausleuchtung 145

Licht für Charakter-Porträts

In diesem Aufbau trifft das Licht fast seitlich auf das Motiv. Dadurch, dass sich das Modell etwas in Richtung des Lichtes dreht, werden beide Gesichtshälften beleuchtet, wobei die Konturen des Gesichts durch den Schattenverlauf besonders gut hervorgehoben werden.

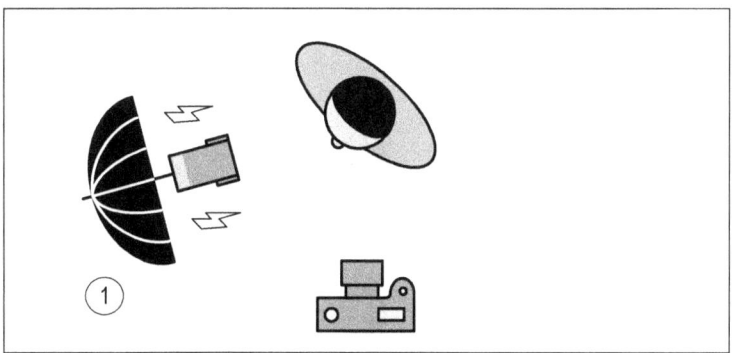

Abbildung 95:Licht für Charakter-Porträts

(1) Aufsteckblitz mit Reflexschirm als Hauptlicht

Der Reflexschirm wird eingesetzt, um ein knackiges, aber nicht allzu hartes Licht zu erzeugen. Der Blitz kann aber auch ohne die Verwendung eines Reflexschirms direkt auf das Motiv gerichtet werden.

Die Mindestanforderungen für diesen Licht-Aufbau sind zwei Funkauslöser RF-603 sowie ein beliebiger Aufsteckblitz aus der YN560-Reihe.

Split Light und Zangenlicht

Als Zangenlicht bezeichnet man zwei seitliche Blitze, die beide Hälften des Motivs ausleuchten, dabei aber auf eine frontale Aufhellung verzichten. Auf diese Weise wird eine dramatische Lichtsituation geschaffen. Die Schatten liegen bei Porträts in der Mitte des Gesichts und hellen sich zu den Seiten hin auf.

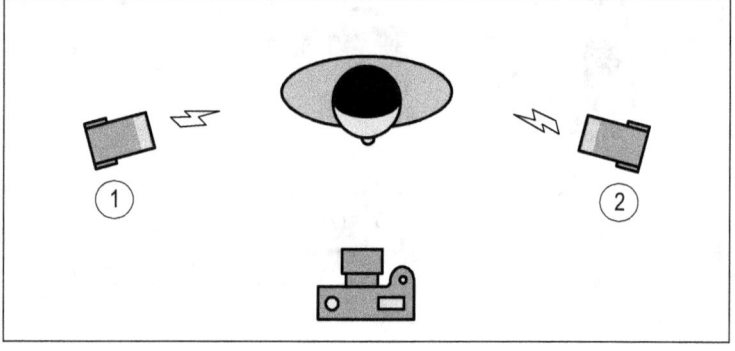

Abbildung 96: Split Light mit Blitz (1) und Zangenlicht mit Blitz (1) und (2)

(1) Aufsteckblitz für seitliches Licht
(2) Aufsteckblitz für seitliches Licht (nicht bei Split Light)

Um einen noch härteren Verlauf der Schatten zu erzeugen, kann der Zoom-Wert auf 70 mm oder höher eingestellt werden oder ein Wabenaufsatz auf dem Blitzkopf Verwendung finden.

Beim Split Light entfällt im Gegensatz zum Zangenlicht der zweite Blitz. Dadurch, dass mit nur einem Blitz seitlich geblitzt wird, liegt die zweite Hälfte des Gesichts fast vollständig im Schatten.

Für das Split Light sind zwei Funkauslöser RF-603 sowie ein beliebiger Aufsteckblitz aus der YN560-Reihe erforderlich. Der zweite für das Zangenlicht erforderliche Aufsteckblitz kann als optischer Slave im Modus S1 betrieben werden und benötigt daher keinen Funkempfänger.

Das Kantenlicht

Das Kanten- oder auch Spitzlicht ist schräg hinter dem Motiv positioniert. Bei Porträtaufnahmen werden durch dieses Licht die Haare des Modells hervorgehoben, so dass für dieses Licht mitunter auch die Bezeichnung Haarlicht verwendet wird.

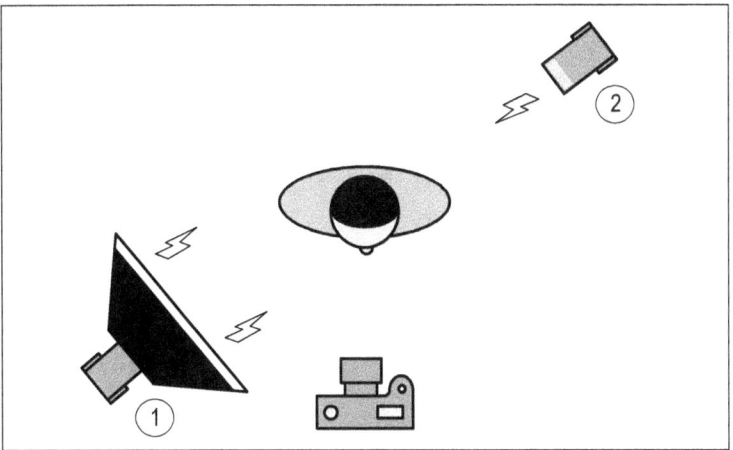

Abbildung 97: Kantenlicht von hinten

(1) Aufsteckblitz mit Softbox als Hauptlicht
(2) Aufsteckblitz als Kantenlicht

Das Kantenlicht ist ein hartes Licht und kann die gleiche Leistung haben wie das Hauptlicht. Durch diese Art des Lichts wird das Motiv vom Hintergrund hervorgehoben, was sich besonders dann anbietet, wenn das Modell vor einem dunklen Hintergrund dunkle Haare hat oder dunkle Kleidung trägt.

Für diesen Aufbau sind zwei Funkauslöser RF-603 sowie zwei Aufsteckblitze aus der YN560-Reihe erforderlich. Der Blitz für das Kantenlicht wird als optischer Slave im Modus S1 betrieben und benötigt daher keinen Funkempfänger.

Das klassische Dreipunkt-Licht

Das Dreipunkt-Licht entspricht dem vorherigen Beispiel mit Haupt- und Kantenlicht, nur dass jetzt noch ein weiterer Blitz als Aufhelllicht dazukommt.

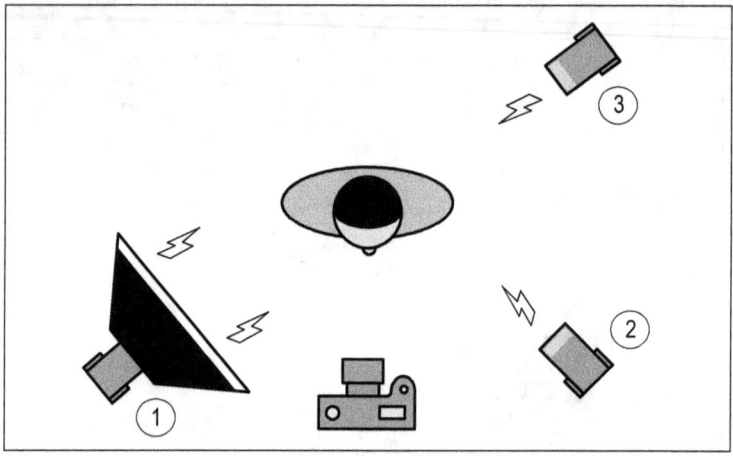

Abbildung 98: Die klassische Dreipunkt-Beleuchtung

(1) Aufsteckblitz mit Softbox als Hauptlicht
(2) Aufsteckblitz als Aufhelllicht
(3) Aufsteckblitz als Kantenlicht

Mit dem Dreipunkt-Licht wird eine gleichmäßige Ausleuchtung des gesamten Motivs erzeugt. Der Aufhellblitz sollte höchstens die Hälfte der Leistung von Hauptlicht und Kantenlicht haben. Die Softbox ist nicht unbedingt erforderlich, sorgt aber für wesentlich weicheres Licht.

Wie am Anfang des Kapitels schon erwähnt, lässt sich die Dreipunkt-Beleuchtung mit drei Aufsteckblitzen YN560 und zwei Funkauslösern RF-603 aufbauen. In den meisten Fällen wird man hier jedoch eher auf eine Funksteuereinheit 560-TX und drei Aufsteckblitze von Typ YN560 III oder neuer zurückgreifen.

Die Stromversorgung

Aufsteckblitze werden fast immer mit Alkaline-Batterien oder Nickel-Metallhydrid-Akkus (NiMH) betrieben. Die Geräte der YN560 Reihe - mit Ausnahme der neueren YN560Li-Modelle - benötigen vier Batterien LR6 oder vier Akkus HR6 vom Typ AA mit 1,5 bzw. 1,2 Volt, allgemein auch als Mignon-Zellen bekannt. Diese Batterien sind einerseits erforderlich, um das Bedienfeld mit dem Display mit Strom zu versorgen und andererseits, um den Kondensator als Zwischenspeicher mit einer Spannung von mehr als 300 Volt aufzuladen. Diese hohe Spannung dient dann dazu, die Blitzröhre beim Auslösen sehr kurz und sehr hell leuchten zu lassen.

Je höher die geforderte Blitzleistung, desto mehr Energie muss der Kondensator auf einmal liefern. Und umso länger dauert es dann auch, bis der Kondensator wieder aufgeladen ist. Die Zeit, um den Kondensator nach einem Blitz mit 1/1 Leistung bei vollen Batterien komplett zu laden, liegt bei den YN560-Blitzgeräten bei ca. drei Sekunden. Wird mit reduzierter Leistung geblitzt, kann der Kondensator auch schneller wieder aufgeladen werden. So benötigt der Blitz bei 1/128 Leistung nur wenige Sekundenbruchteile, bis er wieder bereit ist.

Batterien oder Akkus

Die Spannung ist bei Alkaline-Batterien mit 1,5 Volt etwas höher als bei NiMH-Akkus mit 1,2 Volt. Damit stellt sich zwangsläufig die Frage: Blitzt der Blitz dann mit Batterien heller als mit Akkus? Nein, denn der Blitz wird über den Kondensator gezündet und nicht direkt durch die Batterien. Und der Kondensator liefert an den Blitz immer die gleiche Leistung, egal ob er durch Batterien oder Akkus aufgeladen wird.

Hochwertige Batterien haben oft eine etwas höhere Kapazität als Akkus, dafür aber eine andere Leistungscharakteristik. Während die Leistung von Batterien bei ca. 35% Restkapazität drastisch einbricht, liefern NiMH-Akkus über die gesamte Entladungsphase eine nahezu gleichbleibende Spannung von 1,2 Volt. Das bedeutet, dass ein Blitzgerät mit fast leeren Akkus nach dem Blitzen schneller wieder bereit ist, als ein Blitzgerät mit fast leeren Batterien. Das hängt unter anderem auch damit zusammen, dass NiMH-Akkus in der Regel einen höheren Strom als Alkaline-Batterien liefern können.

Wer oft unterwegs blitzt sollte auch daran denken, dass für das Aufladen von Akkus immer ein Ladegerät und natürlich auch eine Steckdose erforderlich ist. Da leere Akkus mehrere Stunden zum Aufladen benötigen, sollte man gegebenenfalls einen zweiten Satz geladener Akkus als Reserve in der Fototasche haben. Dafür hat man dann aber mit Akkus und einem Ladegerät eine nahezu unerschöpfliche Energiequelle für seine Blitzgeräte.

Nicht zuletzt ist auch der Preis ein wichtiges Kriterium. Für 50 Euro bekommt man etwa 35 Sätze Batterien (140 Stück). Für das gleiche Geld bekommt man auch zwei Sätze gute Akkus (8 Stück) und ein passendes Ladegerät. Wer mehrere Blitzgeräte nutzt, häufig und viel blitzt, der ist mit Akkus auf jeden Fall besser bedient. Die Anschaffungskosten sind bei hochwertigen Akkus zwar höher, machen sich bei häufiger Nutzung aber schnell bezahlt. Wer nur einen Blitz besitzt und mit einem Satz Batterien vier Wochen oder noch länger auskommt, der fährt mit Batterien möglicherweise günstiger.

LSD NiMH-Akkus

Ein Nachteil von Akkus ist oft die hohe Selbstentladung, wenn sie über längere Zeit gelagert werden. Der japanische Hersteller Sanyo[13] hat mit seinen Eneloop-Akkus eine Technologie entwickelt, mit der die Selbstentladung von NiMH-Akkus auf ein Minimum reduziert wird: LSD (Low Self Discharge).

---

[13] Sanyo wurde 2009 von Panasonic übernommen. Die Eneloop-Akkus werden heute unter dem Label von Panasonic vertrieben.

Neben dem Vorteil der geringen Selbstentladung verkraften die Eneloop-Akkus über 2.000 Ladezyklen und sind darüber hinaus laut Herstellerangabe auch mit dem Faktor 1C schnellladefähig. Der Faktor 1C bedeutet, dass bei Akkus mit 2000 mAh Kapazität ein Ladestrom von 2.000 mA zulässig ist und somit deutlich mehr als der Strom, den gängige Ladegeräte liefern können.

Panasonic empfiehlt zum Laden der Eneloop-Akkus natürlich die eigenen Eneloop-Ladegräte. Diese liefern je nach Modell einen Ladestrom zwischen 250 mA und 550 mA für die AA Akkus, sowie einen Ladestrom zwischen 120 mA und 275 mA für die AAA Akkus. Wer für seine Eneloop-Akkus den Kauf eines Ladegerätes plant, der sollte ein Ladegerät mit Einzelschachtsteuerung und einer Entlade- und Refresh-Funktion in Betracht ziehen, wie beispielsweise das bewährte BC700 von Technoline.

Die schwarze Pro-Version der Eneloop-Akkus (Eneloop XX) hat mit 2.500 mAh zwar eine 25% höhere Kapazität gegenüber den weißen Eneloop-Akkus mit 2.000 mAh, ist aber dafür nur für ca. 500 Ladezyklen ausgelegt. Auch wenn diese Zahl auf den ersten Blick gering erscheinen mag, so sind das bei zwei Ladungen pro Woche immer noch fünf Jahre Dauereinsatz.

Gewöhnliche NiMH-Akkus können bei der Lagerung bereits über wenige Wochen hinweg bis zur Hälfte ihrer Ladung verlieren. Sie sollten daher vor der Benutzung vorsichtshalber noch einmal nachgeladen werden, wenn man den Blitz intensiv nutzen möchte. LSD NiMH-Akkus hingegen können auch dauerhaft in der Fototasche bleiben, denn selbst nach einem Jahr ohne Benutzung haben sie oft noch mehr als 75% der ursprünglichen Ladung.

In den letzten Jahren haben fast alle namhaften Akku-Hersteller nachgezogen und ebenfalls NiMH-Akkus mit LSD-Technologie in ihr Programm aufgenommen. Nach wie vor sind aber die Eneloop-Akkus unter Fotografen die am häufigsten verwendeten Akkus.

Externe Akku-Packs

Die Aufsteckblitze der YN560-Reihe haben auf der linken Seite unter der Abdeckung einen dreipoligen Canon-kompatiblen[14] Anschluss für eine externe Stromversorgung. Hier kann ein externes Akku-Pack angeschlossen werden, der das Blitzgerät mit zusätzlicher Energie versorgt.

Einerseits müssen damit die Akkus bei längeren Shootings nicht so oft gewechselt werden, andererseits verkürzt sich die Zeit, die der Blitz zum Nachladen benötigt. Hier sollte man jedoch darauf achten, dass der Blitz nicht überhitzt wird. Nach ungefähr 20 Auslösungen mit höherer Blitzleistung innerhalb kurzer Zeit sollte er etwa zehn Minuten Pause zum Abkühlen bekommen.

Verschiedene Hersteller bieten solche Akku-Packs nach dem Vorbild von Canons CP-E4 an. Dieses Gerät bietet Platz für bis zu acht zusätzliche Akkus vom Typ AA, wie sie auch im Blitz selber verwendet werden. Das Gehäuse kann entweder wahlweise am Stativgewinde unterhalb der Kamera oder zusammen mit der mitgelieferten Tasche am Gürtel befestigt werden. Die Verbindung zur Buchse am Blitzgerät erfolgt über ein Spiralkabel.

Da das externe Akku-Pack nur als zusätzliche Energiequelle dient, sind weiterhin die obligatorischen vier Batterien bzw. Akkus im Blitzgerät erforderlich.

Yongnuo hat mit dem YN5200 ebenfalls ein externes Akku-Pack im Programm. Das Akku-Pack verfügt über leistungsfähige Lithium-Ionen-Akkus mit 11,1V und einer Kapazität von 5.200 mAh. Laut Herstellerangaben können damit bis zu 2.000 Blitze bei voller Leistung abgegeben werden. Das YN5200 kann über den integrierten USB-Anschluss auch als Powerbank zum Aufladen von mobilen Geräten benutzt werden.

---

[14] Es gibt Akku-Packs mit unterschiedlichen Steckern für die Blitzgeräte verschiedener Hersteller. Yongnuo hat sich bei den Aufsteckblitzen der YN560-Reihe für den von Canon-Blitzgeräten verwendeten Steckertypen entschieden.

> **Lithium-Ionen-Akkus**

Das Modell YN560Li verwendet statt der sonst bei der YN560-Reihe üblichen vier Alkaline-Batterien oder NiMH-Akkus zwei Lithium-Ionen-Akkus (Li-Ion) vom Typ 18650. Diese haben eine typische Spannung von 3,6 Volt bis 3,7 Volt und eine Kapazität von bis zu 3.500 mAh. Ein Li-Ion Akku hat neben der höheren Kapazität auch noch die dreifache Spannung (3,6 Volt statt 1,2 Volt) eines NiMH-Akkus, ohne dabei wesentlich teurer in der Anschaffung zu sein.

Die hohe Spannung des Li-Ion-Akkus sorgt auch dafür, dass der Blitz schneller wieder bereit ist. Die Zeit zwischen zwei Blitzen mit voller Leistung liegt bei vollständig geladenen Akkus bei nur ca. 1,5 Sekunden, also rund doppelt so schnell wie beim normalen YN560. Laut Herstellerangabe soll der YN560Li mit einem Satz Akkus bis zu 500 Blitze bei voller Leistung abgeben können.

Leider erkauft man sich die höhere Leistung der Li-Ion-Akkus mit einer Reihe von Nachteilen. Man muss sich beim YN560Li im Klaren darüber sein, dass man nicht wie bei den anderen Modellen zur Not auch auf handelsübliche Batterien ausweichen kann. Zusätzlich erfordern die Li-Ion-Akkus ein spezielles Ladegerät, welches zwar im Lieferumfang des YN560Li enthalten ist, aber bei Reisen auch immer mitgenommen werden muss.

Bei der Angabe der maximalen Ladezyklen gibt es von den Akku-Herstellern unterschiedliche Aussagen. Man kann aber bei Li-Ion-Akkus von einer durchschnittlichen Lebensdauer von 300 Ladevorgängen ausgehen, also deutlich weniger als bei NiMH-Akkus.

Anhang

Anhang A: Leitzahltabelle

Die Leitzahl gibt an, in welcher Entfernung das vom Blitz erzeugte Licht noch für eine korrekte Belichtung sorgt. Damit die Werte zwischen verschiedenen Blitzgeräten vergleichbar sind, werden dazu bestimmte Bedingungen wie Blitzleistung, Blende, ISO und Bildwinkel zugrunde gelegt.

Beim YN560 ergibt sich bei voller Blitzleistung, ISO 100, einer Blende von 1,0 und einem Bildwinkel von 23° (dies entspricht der Einstellung von 105 mm Zoom am Blitzgerät) eine theoretische Ausleuchtung von 58 Metern und somit die Leitzahl 58.

Leistung	Zoom-Einstellung des Reflektors (in mm)						
	24	28	35	50	70	80	105
1/1	28,0	30,0	39,0	42,0	50,0	53,0	58,0
1/2	19,8	21,2	27,6	29,7	35,4	37,5	41,0
1/4	14,0	15,0	19,5	21,0	25,0	26,5	29,0
1/8	9,9	10,6	13,7	14,8	17,7	18,7	20,0
1/16	7,0	7,5	9,7	10,5	12,5	13,3	14,5
1/32	4,9	5,3	6,9	7,4	8,8	9,4	10,3
1/64	3,5	3,8	4,9	5,3	6,3	6,6	7,3
1/128	2,5	2,7	3,5	3,7	4,4	4,7	5,1

Tabelle 6: YN560 – Leitzahltabelle

Auch wenn es sich bei den Angaben um theoretische Werte handelt, ist die Leitzahl ein guter Anhaltspunkt, um die Leistung von verschiedenen Blitzgeräten miteinander vergleichen zu können.

Anhang B: Technische Daten YN560

YN560	YN560 II	YN560 III	YN560 IV	Beschreibung
•	•	•	•	Acht Leistungsstufen (Blenden) von 1/128 bis 1/1 in ganzen Schritten oder in Zwischenschritten von 0.3 oder 0.5 einstellbar
•	•	•	•	Sieben Zoom-Stufen von 24 mm bis 105 mm (24,28,35,50,70,80,105)
•	•	•	•	Leitzahl 58 bei ISO 100 und 105 mm
	•	•	•	Großes beleuchtetes LCD zur Anzeige der Einstellungen
•	•	•	•	Rotation Blitzkopf vertikal von -7 bis 90 Grad
•	•	•	•	Rotation Blitzkopf horizontal von 0 bis 270 Grad
•	•	•	•	Streulichtscheibe (Weitwinkeldiffusor) und Reflektorkarte (Bouncer) im Blitzkopf integriert
•	•	•	•	Farbtemperatur 5600 K
•	•	•	•	Blitzerkennung für den Betrieb als optischer Slave-Blitz (Modus S1/S2)
•	•	•	•	Reichweite 20-25 m innen (optisch), 10-15 m außen (optisch)
		•	•	Reichweite mit Funk bis zu 100 m
			•	Sender für 2,4 GHz Funksignal mit 16 Kanälen
		•	•	Empfänger für 2,4 GHz Funksignal mit 16 Kanälen
			•	Als Sender bis zu drei Gruppen auswählbar
		•	•	Als Empfänger bis zu sechs Gruppen auswählbar
		•	•	Kompatibel mit Transceiver RF-602, RF-603 (II), RF-605 und Sender YN560-TX, YN560 IV, YN660
			•	Ansteuerung von YN622 II Transceivern und Speedlite YN685 jeweils im 603-Slave-Modus

Modell				Beschreibung
YN560	YN560 II	YN560 III	YN560 IV	
		•	•	Auslösung und Übertragung der Blitzeinstellungen für Leistung, Zoom und Multi über YN560-TX, RF-605, YN560 IV und YN660
	•	•	•	Multi-Blitz (Strobe) mit einer Leistung von 1/128 bis 1/4 und max. 100 Blitzen bei einer Frequenz von bis zu 100 Hz für die Dauer der Auslösung (nicht im Modus TX)
•	•	•	•	100 – 1.500 Auslösungen mit Alkaline-Batterien
•	•	•	•	Regenerationszeit 3 Sekunden (bei 1/1 Leistung und vollen Batterien)
•	•	•	•	Eingang für Blitzsynchronanschluss (PC-Sync-Port)
•	•	•	•	Auslösung wahlweise über Blitzschuh (Mittenkontakt), Modus S1/S2 (optisch) oder den PC-Sync-Eingang (Kabel)
•	•	•	•	Stromversorgung über vier AA-Batterien (Alkaline oder NiMH-Akkus)
•	•	•	•	Zusätzlicher Anschluss für externe Stromversorgung (Canon-kompatibel)
•	•	•	•	Automatischer Stromsparmodus je nach Betriebsart
•	•	•	•	Blitzdauer: 1/200 – 1/20.000 s
•	•	•	•	Akustisches System zur Signalisierung von Betriebszuständen
•	•	•	•	Überhitzungsschutz
•	•	•	•	Abmessungen 60 x 190 x 78 mm
•	•	•	•	Gewicht 350 gr
•	•	•	•	Tasche und Fuß (mit 1/4" Stativgewinde) und Anleitung im Lieferumfang

Tabelle 7: YN560 / YN560 II / YN560 III / YN560 IV - Technische Daten

Anhang C: Kanaleinstellungen RF-602/RF-603

Die folgende Tabelle zeigt die Einstellungen der DIP-Schalter an den Funkauslösern RF-602 und RF-603 (II) zur Auswahl der 16 möglichen Funkkanäle.

Funkkanal	DIP-Schalter	Funkkanal	DIP-Schalter
Ch 1	▮▮▮▮	Ch 9	▯▮▮▮
Ch 2	▮▮▮▯	Ch 10	▯▮▮▯
Ch 3	▮▮▯▮	Ch 11	▯▮▯▮
Ch 4	▮▮▯▯	Ch 12	▯▮▯▯
Ch 5	▮▯▮▮	Ch 13	▯▯▮▮
Ch 6	▮▯▮▯	Ch 14	▯▯▮▯
Ch 7	▮▯▯▮	Ch 15	▯▯▯▮
Ch 8	▮▯▯▯	Ch 16	▯▯▯▯

Tabelle 8: Einstellungen der DIP-Schalter zur Wahl des Funkkanals

Bei den Geräten mit LC-Display (YN560, YN560-TX, RF-605, etc.) werden diese Schalterstellungen zusätzlich zur numerischen Anzeige im Display angezeigt, so dass sie einfach auf die Funkempfänger RF-602/RF-603 übertragen werden können.

Anhang D: Kompatibilität der Auslösekabel

Das Auslösekabel verbindet den Ausgang am Funkauslöser (RF-602, RF-603 (II), RF-605) mit dem Fernauslöser-Eingang der Kamera. Das Kabel besitzt an der Seite für den Funkauslöser immer einen 2,5 mm Klinkenstecker. Der Stecker an der anderen Seite des Kabels ist jeweils spezifisch für die verwendete Kamera.

Die folgende Tabelle zeigt, welche Ausführung bei welchen Kameramodellen erforderlich ist:

Ausführung	Typ	Kompatibilität mit Kameramodell
C1 - Canon	RS-60E3	2000D, 1300D, 1200D, 1100D, 1000D, 800D, 760D, 750D, 700D, 650D, 600D, 550D, 500D, 450D, 400D, 350D, 300D, 200D, 100D, 80D, 77D, 70D, 60D
C3 - Canon	RS-80N3	50D, 40D, 30D, 20D, 10D, 7D, 6D 5D Serie, 1D Serie
N1 - Nikon	MC-30	D850, D810A, D810, D800, D800E, D700, D500, D300, D300s, D200, D5 D4S, D4, D3S, D3X, D3, D2X, D2Xs, D2H, D2Hs, D1X, D1H, D1
N2 - Nikon	MC-DC1	D70, D70S, D80
N3 - Nikon	MC-DC2	D750, D610, D600, D90 D3000 Serie, D5000 Serie, D7000 Serie

Tabelle 9: Ausführung und Kompatibilität der Auslösekabel

Wer mehrere Kameras eines Herstellers mit unterschiedlichen Anschlüssen im Einsatz hat, kann zusätzliche Auslösekabel mit dem jeweils passenden Stecker günstig im Zubehörhandel bekommen.

Anhang E: Einstellgrenzen im Multi-Modus

Der Multi-Modus, auch oft als Stroboskop-Modus bezeichnet, löst eine eingestellte Anzahl von Blitzen mit einer Frequenz von 1 bis 100 Hz aus. Um den Blitz durch die schnelle Folge von kurzen Blitzen nicht zu überlasten, ist im Multi-Modus nur eine maximale Leistung von 1/4 möglich.

Da bei steigender Frequenz auch der zeitliche Abstand zwischen den einzelnen Blitzen und somit auch die Zeit zum Abkühlen verkürzt wird, wird die Anzahl der Blitze bei zunehmender Frequenz automatisch reduziert.

Die folgende Tabelle zeigt die maximalen Werte für den YN560 im Multi-Modus in der Kombination von gewählter Leistung, Anzahl und Frequenz.

Leistung	Max. Anzahl	Max. Frequenz
1/4	7 Blitze bei 1 Hz	2 Blitze bei 100 Hz
1/8	14 Blitze bei 1 Hz	4 Blitze bei 100 Hz
1/16	30 Blitze bei 1 Hz	8 Blitze bei 100 Hz
1/32	60 Blitze bei 1 Hz	12 Blitze bei 100 Hz
1/64	90 Blitze bei 1 Hz	20 Blitze bei 100 Hz
1/128	100 Blitze bei 5 Hz	40 Blitze bei 100 Hz

Tabelle 10: Grenzen der Einstellmöglichkeiten im Multi-Modus

Anhang F: Blitzdauer

Das Blitzlicht leuchtet nicht über die gesamte Abbrennzeit gleichmäßig, sondern hat nach kurzer Zeit die volle Helligkeit und wird dann mit zunehmender Brenndauer langsam dunkler. Mit den Werten t0,5 und t0,1 wird die Dauer angegeben, für die der Blitz mindestens 50% bzw. 10% seiner Helligkeit abgibt.

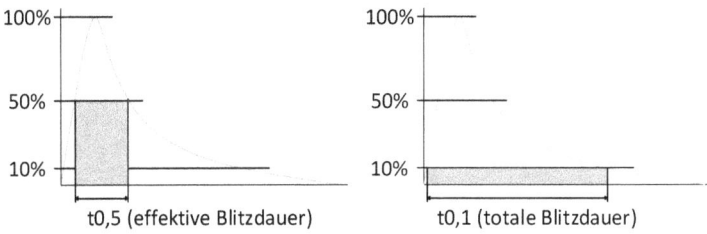

Abbildung 99: Diagramme für die Blitzdauer t0,5 und t0,1

Die nachfolgende Tabelle enthält die Werte des YN560 für die Blitzdauer t0,1 = totale Blitzdauer mit mindestens 10% Leistung.

Leistung	Blitzdauer t0,1 (in Sekunden)
1/1	1/320
1/2	1/1400
1/4	1/2800
1/8	1/5000
1/16	1/8000
1/32	1/12000
1/64	1/18000
1/128	1/23000

Tabelle 11: YN560 - Blitzdauer und Abbrennzeiten

Die hier aufgeführten Werte für t0,1 liegen etwas unterhalb der Zeiten, die Yongnuo in der Bedienungsanleitung für die Blitzdauer angibt (1/200 bis 1/20.000 Sekunden).

Index

A

Abbrenndauer 14, 93, 99, 100
Abdeckung 28
ACT 83, 84, 122
Akku-Pack 152
Aktivierung (YN560 III) 83, 84, 121, 122, 123
Akustische Signalisierung .. 30, 39
Alkaline 24, 149, 150, 153, 157
Aufhelllicht 141, 143, 148
Aufsatzdiffusor 131, 132
Aufwecken 49
Auslösekabel .. 49, 50, 52, 59, 60, 61, 63, 159
Automatik 12

B

Batterien .. 21, 24, 38, 39, 40, 41, 54, 64, 75, 84, 149, 150, 152, 153, 157
Bewegungsunschärfe . 14, 97, 98, 101
Blende 12, 13, 14, 15, 16, 97, 98, 155
Blendenöffnung ...... *Siehe* Blende
Blendenstufen 15
Blendenvorwahl 12
Blitzanzahl 35, 36, 82
Blitzdauer 99, 157, 161

Blitzkopf .. 24, 25, 27, 32, 33, 125, 126, 128, 130, 131, 132, 133, 146
Blitzständer 23, 40
Blitzsynchronzeit .. 14, 15, 52, 69, 91, 92, 95, 96, 97, 98, 99
Bouncer 27, 31, 132, 133

C

Catch-Light 128, 132
Ch *Siehe* Funkkanal

D

Diffusor 32, 134
DIP-Schalter 54, 109, 158
Dreipunkt-Licht 141, 148
Durchlichtschirm 31, 39, 124, 132, 134, 136, 137, 139, 142, 144

E

Einfrieren 99, 101
Energiespareinstellungen 43, 44, 45
Energiesparmodus 38, 40, 43, 44, 45, 49, 56, 65, 66, 67, 84, 85, 86, 108

Entfesselt blitzen .. 11, 49, 50, 62, 64, 85, 103, 104, 105, 106, 107, 115, 116, 117, 118, 120, 123, 124, 126, 141, 142, 143
Erster Verschlussvorhang ... *Siehe* Verschlussvorhang
Externe Eingänge 28
Externe Stromversorgung 152

F

Faltreflektor 129, 143
Feineinstellungen 33, 46, 80
Fernauslöser ... 49, 56, 59, 61, 63, 87, 159
Flächenreflektor 129
FN *Siehe* Funktionseinstellungen
Frequenz ... 30, 35, 36, 37, 73, 81, 82, 160
Führungslicht 141
Funkkanal 51, 53, 83, 88, 109, 121, 122, 158
Funkprotokoll . 47, 53, 69, 72, 74, 77, 78, 107, 115, 124
Funktionseinstellungen 41, 42, 48

G

Graufilter 14, 97, 98
Gruppe
   Auswahl 43, 72, 78
   Bildung 110
   deaktivieren 82, 112
   RF-605 .... 68, 113, 115

H

Haarlicht 141, 147
Hartes Licht ... 125, 126, 141, 145, 147
Hauptlicht 141, 142, 143, 145, 148
High Speed Sync .... *Siehe* HSS
Hintergrundlicht 141, 144
Histogramm 13
HSS 97, 101

I

Inbetriebnahme
   RF-603 54
   YN560 IV 23
   YN560-TX 75
Indirekt blitzen . 15, 32, 125, 126, 127, 128, 130
ISO-Wert 12, 13, 14, 97, 155

K

Kanal .... *Siehe* Funkkanal
Kantenlicht 147, 148
Kompatibilität 53, 74, 159

L

Leitzahl 19, 155
Lichtformer 14, 32, 124, 125, 131, 132, 137, 141
Lichtsetzung 35, 141
Lichtstativ 124, 135, 139

Li-Ion 153
Lithium-Ionen .... *Siehe* Li-Ion
Low Self Discharge ...... *Siehe* LSD
LSD 150, 151

M

Master .. 107, 108, 112, 114, 115, 116, 117, 118, 120, 121, 123
Master/Slave-Betrieb 107
Master-Blitz .... *Siehe* Master Modus
Multi .... *Siehe* Multi-Modus
RX *Siehe* RX
S1/S2 .... *Siehe* S1/S2
TRX .... *Siehe* TRX
TX *Siehe* TX
Multi-Modus .. 30, 35, 36, 37, 72, 73, 81, 100, 160

N

ND-Filter .... *Siehe* Graufilter
Neutraldichtefilter .... *Siehe* Graufilter
Nickel-Metallhydrid .. *Siehe* NiMH
NiMH 24, 149, 150, 151, 153, 157

O

One Light Setup 103
Optischer Slave .... *Siehe* S1/S2

P

PC-Sync 28, 52, 103, 104

R

Rear-Curtain-Sync 94
Receive .... *Siehe* RX
Reflektionsfläche . 125, 126, 127, 129, 130, 134
Reflektorkarte 27, 31, 32, 128, 131, 132, 133
Reflexschirm . 134, 136, 137, 138, 145
Rembrandt-Licht ... 142, 143, 144
Reset .... *Siehe* Zurücksetzen
RF-600TX 67, 108
RF-602 67
RF-605 ...... 50, 53, 68, 69, 71, 74, 108, 113, 114, 115, 159
RX 47, 56, 64, 83, 85, 108

S

S1/S2 .... 40, 43, 44, 96, 107, 115, 116, 117, 123, 143, 146, 147
Schärfentiefe 13, 97
Schirmneiger . 124, 135, 136, 139
Schlitzverschluss 92
Sensor
Kamera 91, 92, 95, 96, 117
Slave 27, 116
Serienbilder 40
Sicherheit 21, 136
Signaltöne . 38, 39, 41, 46, 48, 57, 58

Slave96, 107, 108, 110, 112, 113, 115, 116, 117, 118, 119, 120, 123, 124, 141, 143, 146, 147
Slave-Blitz .... *Siehe* Slave
Softbox 31, 39, 124, 126, 132, 138, 139, 147, 148
Spigot 139
Spitzlicht 141, 147
Split Light 146
Streulichtscheibe 32, 131, 132, 137
Stroboskop-Modus .. *Siehe* Multi-Modus
Stromsparmodus .... *Siehe* Energiesparmodus
Studioblitz 49, 56, 104, 139

T

Transceiver 50
Transmit .... *Siehe* TX
Triggerspannung 52, 69
TRX 55, 56, 57, 59, 60, 61, 63, 64, 65, 86, 87, 108, 114
TTL 11, 12, 50, 97, 116, 124
TX
   RF-603 II 56, 108
   YN560 IV43, 47, 118, 120, 122

U

Überbelichtung 12, 97
Überbelichtungskontrolle 13
Überhitzungsschutz 41

V

Verschluss 91, 92, 96, 99
Verschlussvorhang92, 93, 94, 95, 96

W

Wake-Up .... *Siehe* Aufwecken
Weiches Licht .32, 125, 126, 127, 130, 132, 134, 136, 137, 138, 142, 148
Weitwinkeldiffusor .... *Siehe* Streulichtscheibe
Werkseinstellungen 48, 77, 88

X

X-Sync-Zeit .... *Siehe* Blitzsynchronzeit

Y

YN5200 152
YN560Li 19, 53, 74, 149, 153
YN622 .... 50, 53, 74, 108
YN660 . 18, 19, 20, 30, 53, 71, 74, 107, 110
YN685 .... 53, 74, 97, 108, 124
YN720 .... 53, 74
YN860Li 53, 74

Z

Zangenlicht 146
Zeitvorwahl 12
Zoom .. 14, 29, 30, 31, 32, 33, 34, 71, 72, 73, 78, 79, 80, 88, 107, 111, 117, 119, 120, 136, 144, 155
Zurücksetzen 42, 48, 88
Zweiter Verschlussvorhang *Siehe* Verschlussvorhang
Zwischenstufen...................*Siehe* Feineinstellungen

www.ingramcontent.com/pod-product-compliance
Lightning Source LLC
Chambersburg PA
CBHW050100230526
45470CB00004B/1608